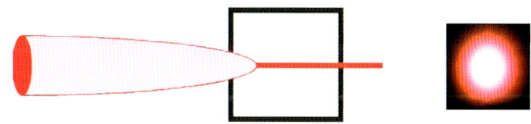

口絵 1　フェムト秒白色光の発生
メタノール，0.8 μm，100 fs パルス励起．本文 3.8.3 項参照．

口絵 2　液滴にフェムト秒レーザーパルスを照射したときに観測される
　　　　プラズマ発光（X 線が出ている）
　　　　本文 4.1.2 項の最先端研究 3 参照．

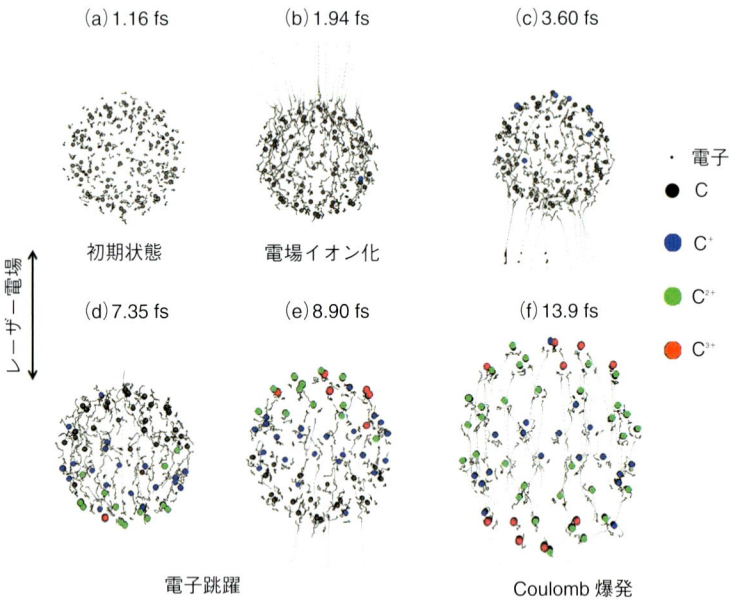

口絵3 高強度レーザー（10^{16} W cm^{-2}）によるフラーレンのイオン化，Coulomb 爆発のシュミレーション
ラグビーボール形に爆発．本文 4.6.3 項参照．

化学の要点
シリーズ
4

レーザーと化学

日本化学会 [編]

中島　信昭 [著]
八ッ橋知幸

共立出版

『化学の要点シリーズ』編集委員会

編集委員長	井上晴夫	首都大学東京 戦略研究センター　教授
編集委員	池田富樹	中央大学 研究開発機構　教授
(50音順)	岩澤康裕	電気通信大学 燃料電池イノベーション研究センター長・特任教授
	上村大輔	神奈川大学 理学部化学科　教授
	佐々木政子	東海大学　名誉教授
本書担当編集委員	井上晴夫	首都大学東京 戦略研究センター　教授
	吉原經太郎	首都大学東京 都市環境科学研究科 分子応用化学域　客員教授

『化学の要点シリーズ』
発刊に際して

　現在，我が国の大学教育は大きな節目を迎えている．近年の少子化傾向，大学進学率の上昇と連動して，各大学で学生の学力スペクトルが以前に比較して，大きく拡大していることが実感されている．これまでの「化学を専門とする学部学生」を対象にした大学教育の実態も大きく変貌しつつある．自主的な勉学を前提とし「背中を見せる」教育のみに依拠する時代は終焉しつつある．一方で，インターネット等の情報検索手段の普及により，比較的安易に学修すべき内容の一部を入手することが可能でありながらも，その実態は断片的，表層的な理解にとどまってしまい，本人の資質を十分に開花させるきっかけにはなりにくい事例が多くみられる．このような状況で，「適切な教科書」，適切な内容と適切な分量の「読み通せる教科書」が実は渇望されている．学修の志を立て，学問体系のひとつひとつを反芻しながら咀嚼し学術の基礎体力を形成する過程で，教科書の果たす役割はきわめて大きい．

　例えば，それまでは部分的に理解が困難であった概念なども適切な教科書に出会うことによって，目から鱗が落ちるがごとく，急速に全体像を把握することが可能になることが多い．化学教科の中にあるそのような，多くの「要点」を発見，理解することを目的とするのが，本シリーズである．大学教育の現状を踏まえて，「化学を将来専門とする学部学生」を対象に学部教育と大学院教育の連結を踏まえ，徹底的な基礎概念の修得を目指した新しい『化学の要点シリーズ』を刊行する．なお，ここで言う「要点」とは，化学の中で最も重要な概念を指すというよりも，上述のような学修する際の「要点」を意味している．

本シリーズの特徴を下記に示す．
1）科目ごとに，修得のポイントとなる重要な項目・概念などをわかりやすく記述する．
2）「要点」を網羅するのではなく，理解に焦点を当てた記述をする．
3）「内容は高く」，「表現はできるだけやさしく」をモットーとする．
4）高校で必ずしも数式の取り扱いが得意ではなかった学生にも，基本概念の修得が可能となるよう，数式をできるだけ使用せずに解説する．
5）理解を補う「専門用語，具体例，関連する最先端の研究事例」などをコラムで解説し，第一線の研究者群が執筆にあたる．
6）視覚的に理解しやすい図，イラストなどをなるべく多く挿入する．

本シリーズが，読者にとって有意義な教科書となることを期待している．

『化学の要点シリーズ』編集委員会
井上晴夫　池田富樹　岩澤康裕　上村大輔　佐々木政子

まえがき

　レーザーは 1960 年に発明され，化学のみならず広い分野で利用されている．たとえば，植物の光合成では光励起後，高速のエネルギー移動とそれに続いて電子移動（酸化還元反応）が進行するが，この機構の解明が必要であり，それにはレーザーによる超高速の時間分解スペクトル測定の方法が有効である．分子の構造や反応の理解には分子振動を調べることが有効であり，これにはレーザーラマン散乱分光が利用されている．

　光の励起およびその後の過程には，光化学とレーザーとで共通した部分がある．そこで，本書では光の励起，その後の過程については有機分子を中心に紹介し，その後，「レーザー」を解説する．

　さて，レーザーで他の光源にない特徴は何であろうか．次の 2 点に集約できる．(1) レーザー光はスペクトルの線幅を狭くできる，または，短パルスを作り出せる．(2) 指向性があり，集光できる．エネルギー移動や電子移動の研究，振動分光学では (1) の性質が有効に利用されてきた．最近 (2) の性質をとくに有効利用し，「高強度のレーザーを利用した化学」が開かれてきた．それらは，多光子吸収，高強度レーザーによるイオン化，Coulomb 爆発，多価イオン生成，超高速水素原子移動，物質プロセッシング，反応制御，アト秒の化学である．これらの内容を最近のレーザー化学の「最先端研究」として紹介した．最先端研究を紹介していただいた方を敬称，所属なしでお名前だけ記し，謝意を表す．岩倉いずみ（最先端研究 1），山内 薫（最先端研究 2, 6），畑中耕治（最先端研究 3），宮坂 博（最先端研究 4），大村英樹（最先端研究 5），橋田昌樹（最先端研究 7），神成文彦（最先端研究 8），河野裕彦（最先端研究 9），新倉弘倫（最先端研究 10, 11）．

目　　次

第 1 章　レーザーは化学の役に立っている ……………………1

第 2 章　光化学の基礎 ……………………………………………**7**

2.1　光と色 ……………………………………………………………7
2.2　光は電磁波 ………………………………………………………8
2.3　エネルギー準位 …………………………………………………11
2.4　吸収と発光 ………………………………………………………15
 2.4.1　エネルギー準位の階層構造 ………………………………15
 2.4.2　Lambert-Beer の法則 ……………………………………15
 2.4.3　吸収と蛍光, Kasha の規則 ………………………………18
 2.4.4　吸収と蛍光スペクトル―アントラセンの例 ……………20
 2.4.5　溶媒の配向緩和と Franck-Condon の原理 ……………21
2.5　光化学 ……………………………………………………………23

第 3 章　レーザー …………………………………………………**25**

3.1　レーザーと Einstein ……………………………………………25
3.2　光の吸収と増幅 …………………………………………………29
3.3　よく利用されるレーザーのエネルギー準位 …………………32
3.4　なぜ鏡は必要か？　鏡が決めるレーザーの性質 ……………36
3.5　超短パルス ………………………………………………………40
 3.5.1　超短パルス発生の機構 ……………………………………40
 3.5.2　超短パルスと単色レーザーの対比 ………………………43

- 3.5.3 パルスの時間幅とスペクトル幅の積は一定 ……………45
- 3.6 大出力を得る ……………………………………………46
  - 3.6.1 どこまでも光を強くできるか？ ……………………46
  - 3.6.2 発振の簡単なレーザー，大出力に適したレーザー ……49
- 3.7 どこまで広がり，どこまで絞れ，レーザー強度はどうなるか ……………………………………………………51
- 3.8 よく使われるレーザー光の性質 ………………………53
  - 3.8.1 2倍波発生 ……………………………………………53
  - 3.8.2 誘導 Raman 散乱 ……………………………………55
  - 3.8.3 白色レーザー …………………………………………57
- 3.9 目の安全 …………………………………………………60

第4章 高強度レーザーの化学 …………………………**61**

- 4.1 歴 史 ……………………………………………………61
  - 4.1.1 短パルス化の歴史 ……………………………………61
  - 4.1.2 高強度化の歴史 ………………………………………64
- 4.2 レーザー強度の測定の実際 ……………………………67
- 4.3 多光子吸収 ………………………………………………69
- 4.4 高強度レーザーによるイオン化，Corkum スリーステップモデル …………………………………………………73
- 4.5 有機分子のイオン化の実際 ……………………………78
- 4.6 Coulomb 爆発 ……………………………………………81
  - 4.6.1 多価イオン ……………………………………………81
  - 4.6.2 多価イオンの解離過程 ………………………………83
  - 4.6.3 超多価イオンの爆発 …………………………………88
- 4.7 表面への照射 ……………………………………………89

4.8 反応制御 …………………………………………………96
  4.8.1 同位体分離 …………………………………………96
  4.8.2 フェムト秒高強度レーザーパルスによる反応制御 ……99
4.9 アト秒の化学………………………………………………104

解答案 ………………………………………………………**106**

参考文献 ……………………………………………………**108**

索　引 ………………………………………………………**111**

コラム目次

1. 質量分析装置 …………………………………… **4**
2. 光のエネルギーと炭素−炭素の結合エネルギー ………… **10**
3. エネルギー準位 ………………………………… **12**
4. 遷移モーメントと選択律 ………………………… **16**
5. Boltzmann 分布と黒体放射 ……………………… **26**
6. パルスの Fourier の関係，チャープパルス …………… **44**
7. 原子核と電子の間にはたらく電場に匹敵する光強度 ……… **62**
8. 電子放出（イオン化）とその衝突の軌跡 …………… **76**
9. 電子が原子核を1周する時間　152 as …………… **99**

最先端研究目次

1. 熱反応過程の直接観測と機構解明 ……………………58
2. 強光子場科学──レーザー光が拓いた新フロンティア ………64
3. レーザーを集光照射して水溶液からパルスX線を
   発生させる！ ……………………66
4. 波長多光子吸収を用いたフォトクロニズム ……………74
5. 異方性トンネルイオン化による配向分子選択 ……………80
6. 超高速水素原子移動 ……………………86
7. フェムト秒レーザーによる物質プロセッシングの最前線 …90
8. 超短パルスによる反応制御 ……………………94
9. C_{60}の高強度レーザー励起ダイナミクス……………96
10. アト秒パルスの発生法 ……………………100
11. 波動関数を見る ……………………102

第1章

レーザーは化学の役に立っている

　ノーベル賞を受賞した人で，レーザーを使った人は30人以上になる．そのなかで化学賞に関係した3件を挙げよう．KrotoらのC_{60}の発見（1996年），Zewailのフェムト化学（1999年），田中耕一らのタンパク質分析（2002年）の研究について，それぞれどのようにレーザーが使われたのかを短く述べる．

　「炭素からC_{60}（フラーレン，fullerene）を発見」したKrotoらは炭素の円盤（グラファイト）にレーザーを照射して蒸発させ，この蒸発物を高圧のHeガスで反応空間に導いた．炭素原子60個が集まったサッカーボール形の分子，フラーレンが生成していることを発見した（図1.1, 1985年）．すす（無定形炭素），ダイヤモンドに続く第三の炭素の同素体の発見であった．（現在では別の効率の高い合成方法が使われている．）その後の発展では，筒状分子（カーボンナノチューブ）も発見されている．レーザーは集光すると高強度にすることができ，炭素を蒸発させることに使われた．

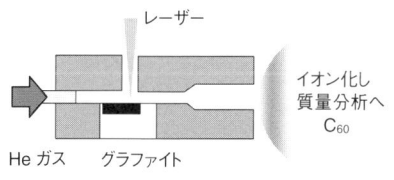

図1.1　レーザーによるC_{60}の生成

このように,レーザーを集光すると通常では予測できないことが起きる.表面に当てると穴を開け,溝を切ることができ,精密加工に利用されている.空気(希ガスがよく使われる)に集光するとレーザー光を白色光に変換できる.さらに高強度にするとX線が出ることがある.これらは第2章以下で述べる.

Zewailは「フェムト秒分光学を用いた化学反応の遷移状態の研究」でノーベル化学賞を受賞した.フェムト秒(1フェムト秒(fs)は10^{-15}s)は1千兆分の1秒である.カメラのフラッシュが数千分の1秒であることを考えると想像を絶する短い時間ではある.この時間に起きている化学反応を調べた.しかし,これは特殊な現象ではない.化学反応の一つひとつはきわめて短い時間で起こっており,全体を見るとゆっくり起こって見えるにすぎない.このように短い時間で起こっていることまでわかって,スローモーションのように化学反応が目に見えるようになったのであり,化学反応を理解するうえで大きな寄与があった.

化学反応の追跡に重要な方法はポンプ-プローブ法である.1回目の短い光(パルス=ポンプ)により,化学結合を切ったりする反応を開始させる.続いて2回目のパルス(プローブ)を用いて,特定の時間経過(遅延時間)後の反応の様子を調べる.ポンプ光とプ

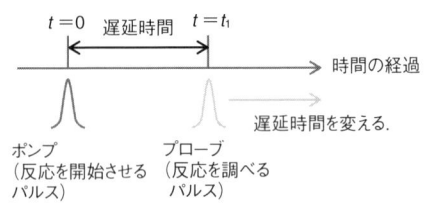

図1.2 ポンプ-プローブ法の原理
プローブ光の時間を変えれば反応の進行を測定できる.

ローブ光の時間間隔（＝遅延時間）を連続的に変化させることで，反応の時間変化を追跡できる（図 1.2）．この方法は 1949 年に Porter らが最初に導入し，その当時はマイクロ秒（μs，10^{-6} s）であった．1967 年に「短時間エネルギーパルスによる高速化学反応の研究」でノーベル賞が授けられている．レーザーが発明されたのは 1960 年であるが，10 年を経ないうちに測定可能な時間はナノ秒（ns，10^{-9} s），ピコ秒（ps，10^{-12} s）へと一挙に展開された．1980 年代ではフェムト秒分光が可能となり，その後半，Zewail らは化学反応の遷移状態の観測に成功したのである．この研究には十数フェムト秒のパルスが必要であり，このような短い時間の光はレーザーで初めてつくることができる．これについて本書ではやや詳しく説明しよう．フェムト秒パルスは高強度のレーザーに必須である．

　田中耕一は「ソフトレーザー脱離イオン化法」を開発し，2002 年ノーベル化学賞を受賞した．田中の開発した MALDI（Matrix Assisted Laser Desorption Ionization, マトリックス支援レーザー脱離イオン化）法では脱離/イオン化するためのレーザーとして窒素レーザーが用いられた．窒素レーザーは紫外光で発振するパルスレーザーである．MALDI 法の単純化した機構を図 1.3 に示し，以下に説明する（4.7 節も参照）．マトリックス（クリセリン＋金属粉）に対象となるタンパク質を混ぜ，レーザー加熱する（図 1.3 の①）．レーザーエネルギーが熱に変換され，タンパク質は瞬時に蒸発して（図 1.3 の②），プロトン化されたタンパク質のイオンを生じる（図 1.3 の③）．そのイオンは飛行時間型質量分析計（TOF-MS）で測定された（図 1.3 の④）．マトリックスを用いない場合，タンパク質がレーザー光により分解してしまうことも起こる．バラバラになると何が何だかわからなくなるが，分解しなければそのイ

コラム1

質量分析装置

C₆₀の発見やMALDI法では「質量分析」法が用いられた．その説明をしておこう．分子量を測定できる装置として，どの大学の化学教室にも質量分析計（MS, マススペクトロメータ）は設置されている．1912年にThomsonによって，質量20のネオン原子のほかに質量22のネオン原子が存在することが発見された．このとき用いられた装置が，質量分析計（MS）である．イオン（電気を帯びた原子，分子）に電場をかけると，イオンのもっている質量数（重さ）に応じて重いイオンの飛行速度は遅く，軽いイオンの速度は速いので軽いイオンはより早く検出器に到達する．その到達の時間により質量を測定できる．この方式を飛行時間型質量分析（TOF-MS）という．TOF-MS型の装置は比較的簡単に製作できる．検出器のMCP（micro-channel-plato）の感度はきわめて高く，1個のイオンでも測定できる．

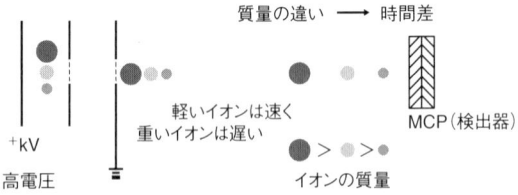

TOF-MS型の原理

イオン（本書の例ではレーザーでつくる）に電圧をかけて飛ばす．このとき，軽いイオンは飛行速度が大きいため検出器に早く到達し，重い分子は時間がかかる．それらの到達時間から質量を分析する．

磁場の中にイオンを通過させると，そのイオンのもっている質量数（重さ）と磁場の強度に応じてイオンの軌道が曲げられる．これを利用して分析する方法は，磁場型とよばれる．

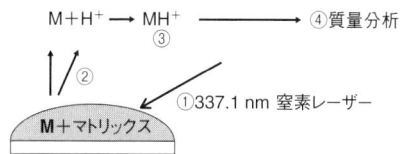

図 1.3　田中のMALDI法（2002年ノーベル化学賞）
レーザーを照射する①と，タンパク質が蒸発し②，H⁺が付加したイオンを生成できる③．質量分析計でそのイオンの重さ（分子量）を測定する④．

オンの質量は分子の質量に等しいため，分子量を決めることができる．この場合プロトンが付加するので，測定されるイオンは分子の質量に1を加えた質量となる．

第2章

光化学の基礎

2.1 光と色

まず光について説明しよう．虹は7色というように，太陽光は7色の重ね合わせからなっている．Newton が最初にプリズムで太陽光を7色に分けて見せたそうである（1666年）．地上の引力が月などに対しても同様にはたらいていること（万有引力）に気づいたのはその前年（1965年）である．光の白色光は三原色の青，緑，赤で実現でき，他の色は三原色に重みを付けた重ね合わせにより再現できる．7色は人間の目による色の識別能力であり，実際にはパソコン画面表示の選択にあるように何万色でも異なる色を表現できる．逆に白色光から青，緑を取り去れば赤が残る．青，緑を吸収し，赤を反射すると赤く見える，すなわち，赤いリンゴの皮の赤である．それでは夕焼けの赤はどうか？ 空気は光を散乱する（Rayleigh（レイリー）散乱）．散乱強度は青が強く，その結果，長距離の空気層を通ってきた光では相対的に赤が強くなる．この光が雲に当たれば，その雲は赤く見える．空の青はなぜか？ これは地球の空気が太陽光の青を散乱しているためである．最初の宇宙飛行士，Gagarin は「地球は青かった」と表現した（1961年）．空（空気）は下から見上げても，上から見ても散乱のため青く見えるのである．

■問題 2.1 海は青や緑に見える．この説明を試みよ．

2.2 光は電磁波

　光は電磁波（electromagnetic wave）である．実はわれわれのまわりは電磁波で満ちあふれている．肉眼で見える電磁波は可視光という．電子レンジ，テレビ，携帯電話ではマイクロ波が使用されており，健康診断で撮る胸部写真ではX線を利用している．これらはすべて電磁波である．これらを，波長によってマイクロ波，赤外線といったり，可視光，X線といったりする．さて，電磁波はどのようなものかを図2.1に示した．電場がプラスとマイナスに，磁場も同時に振動しながら進む．振動の方向と進行方向が直交する横波である．電界が変化をすれば磁界を生じる．これはFaraday（ファラデー）の電磁誘導の法則に従い，電場と磁場はいつでも一緒に存在する．しかし，分子の吸収・発光は電場の成分による効果のほうが顕著であるので，しばしば電場だけで表現する．波長（λ）は山

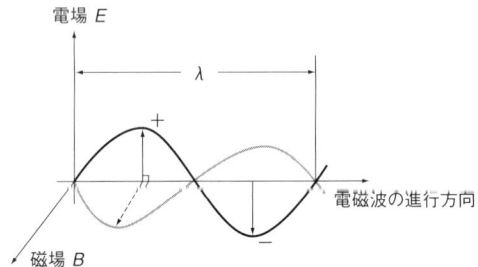

図2.1　光の電磁波としての説明
電場，磁場はそれぞれ進行方向と垂直に振動している．波長（λ）でその種類を分類する．

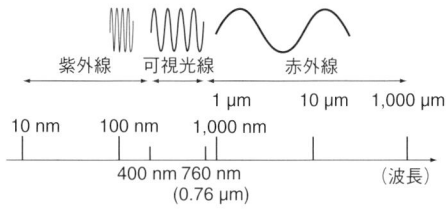

図 2.2 光（電磁波）の種類

と山，谷と谷のように同じ形が現れる最小の間隔を表す．その速度（光速度 c）は 1 s に約地球 7 周半の距離を進む値，$c = 3.00 \times 10^8$ m s^{-1} である．

電磁波はその波長により見かけが異なり，まったく別物に見え，感じる．分類は図 2.2 のように波長でなされている．紫外線（10〜400 nm），可視光線（400〜760 nm），赤外線（760〜1,000 μm），さらに，紫外線は真空紫外（＜200 nm），UVC（100〜280 nm），UVB（280〜315 nm），UVA（315〜400 nm）に分けられ，赤外線は近赤外（760〜2,500 nm＝2.5 μm），赤外（2.5〜25 μm），遠赤外（＞25 μm）に分けられる．

ここで波長（λ），周波数（ν），波数（$\tilde{\nu}$），光のエネルギー（ε）の関係に簡単にふれておこう．

$$c = \nu \lambda \tag{2.1}$$

$$\tilde{\nu} = \frac{\nu}{c} = \frac{1}{\lambda} \tag{2.2}$$

$$\varepsilon = h\nu \tag{2.3}$$

光は波であるのだが，粒子でもあり，これを光子（photon）とよぶ．これは 20 世紀の初頭，Planck, Einstein らが確立した考え方である．(2.3) 式はその光子 1 個のエネルギーを表す．ここで h

コラム 2

光のエネルギーと炭素–炭素の結合エネルギー

エネルギーの単位はジュール（J）であるが，それぞれの分野で異なる表現が用いられることがある．eV（電子（物理）），kJ mol^{-1}（化学），cm^{-1}（分光），K（プラズマなど）以下にその関係式を示す．

1 eV（$1.602×10^{-19}$ J）→96.49 kJ mol^{-1}→8,065 cm^{-1}→$2.418×10^{14}$ Hz →$1.160×10^{4}$ K．

たとえば波長 500 nm（$6.00×10^{14}$ Hz）では，$\varepsilon=3.98×10^{-19}$ J となり，これに Avogadro（アボガドロ）数（$6.02×10^{23}$ mol^{-1}）をかければ，1 mol の光子（この量を 1 Einstein ということがある）のエネルギー，239 kJ mol^{-1} となる．化学でよく使う kJ mol^{-1} と波長との関係は次のようになる．

$$D_0 \, [\text{kJ mol}^{-1}] = \frac{1.196×10^5}{\lambda \, [\text{nm}]}$$

ここで D_0 は結合解離エネルギーである．下図に代表的なレーザーの波長と D_0 を示す．

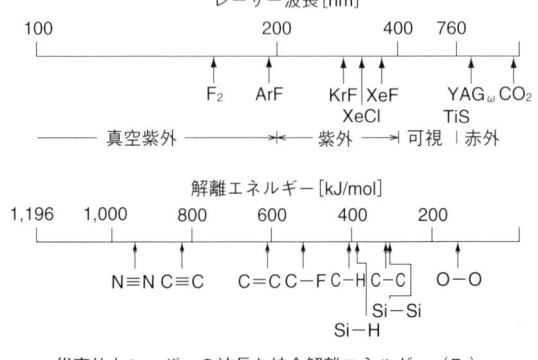

代表的なレーザーの波長と結合解離エネルギー（D_0）

は Planck（プランク）定数とよばれ，6.63×10^{-34} J s である．太陽光の強度が最大となる波長は約 500 nm である．500 nm は (2.1) 式から，$\nu = 6 \times 10^{14}$ Hz（ヘルツ）に相当する．また，周波数を 1 cm あたりでも表し，波数とよぶ ((2.2) 式)．500 nm の波数は 2×10^4 cm^{-1} である．

■**問題 2.2** Si−Si 結合の解離エネルギーは 337 kJ mol^{-1} である．これに相当するエネルギーを eV 単位（コラム 2 参照），波数単位で示せ．相当する波長を求めよ．

2.3 エネルギー準位

原子，分子に束縛された電子のエネルギーは，連続したものでなく階段状になっている．その階段の高さ分だけエネルギーを受け取ったり放出して階段を上り下りする．その放出されるエネルギーが光（＝電磁波）の場合，その大きさは階段の段差に等しい．この関係式は，

$$h\nu = \varepsilon_2 - \varepsilon_1 \tag{2.4}$$

で表され，Bohr（ボーア）の振動数条件とよばれる．段差のエネルギーは $h\nu$，上の段のエネルギー ε_2，下の段のエネルギー ε_1 である．

これに関係したいくつかの歴史的背景を紹介しておこう．Planck は 20 世紀初頭，不連続なエネルギー，という考えを打ち立てた．光のエネルギーが，ある最小単位の整数倍の値しか取ることができないと仮定し，放射に関する Planck の法則を導出した．この過程で得られた光の最小単位に関する定数は Planck 定数と名づけられ

コラム 3

エネルギー準位

図1に水素原子のポテンシャルエネルギーを示す。核のプラス電荷によって電子がCoulomb（クーロン）力で結びつけられているから、Coulombポテンシャルである。

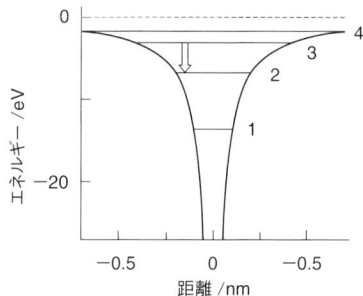

図1 水素原子のCoulombポテンシャルエネルギーとその準位
矢印は水素原子の発光の例（Balmer（バルマー）系列の1本，水素α線656 nm、図2.3参照）.

エネルギー準位（E_n）は

$$E_n = -R\frac{1}{n^2}$$

と表される。ここでRはRydberg（リュードベリー）定数、nは量子数とよばれる。図1には量子数1から4までを示した。エネルギーはマイナスにとる。原子核H^+近くではどこまでも深いから、H^+の中心でゼロの基準を決められない。電子とH^+が無限に離れたところをエネルギーゼロとすれば、マイナスの付いた上式のようになる。

粒子（たとえば電子）を図2のような井戸（幅a）のようなポテンシャルに入れると、エネルギーは不連続となる。また、幅aが小さくなるほどエネルギーが高くなる。エネルギーが増加するのに伴い、波動関数の「節」の数が増加していることがわかる。井戸型ポテンシャルはポリエンの吸収スペクトルを

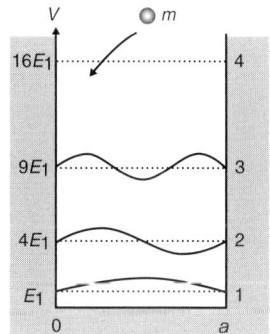

図2 井戸型ポテンシャルとエネルギー準位，波動関数の形

説明する場合にも利用される．井戸型ポテンシャルはポテンシャルのエネルギーの底がはっきりしているので，一番低いところをゼロにすればよい．

$$E_n = E_1 n^2, \; E_1 = \frac{h^2}{8ma^2}$$

ここで，n は量子数，h は Planck 定数，m は電子を考えている場合は電子の質量，a はポテンシャルの幅．これらのエネルギー準位は量子力学で Schrödinger（シュレーディンガー）方程式を解いて求められる．すなわち，電子は波とし，井戸に閉じ込められた定在波として取り扱う．その波（波動関数）の形は図2に示したとおり，とびとびの波長をもつ．Coulomb 力のような求心力がないのにエネルギー準位ができるのは不思議な気がするが，波の性質によるものである．井戸型ポテンシャルの井戸をレーザーの共振器と見なせば，とびとびの波長になる点など両者には定在波に伴う共通点がある．

なお，Coulomb ポテンシャルではエネルギー $\propto$（量子数）$^{-2}$，井戸型ポテンシャルでは $\propto$（量子数）^{2} となることに注意しよう．振動エネルギーではエネルギー間隔は一定（調和振動子の場合），回転エネルギーでは量子数の増大とともにエネルギー間隔が広がることが一般的に見られる．

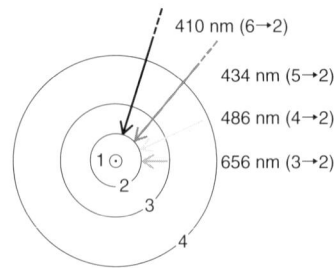

図 2.3 水素原子の可視部，4本の輝線（Balmer 系列）
円で表した軌道上および括弧内の数字は水素原子の軌道の主量子数．

た．水素原子の可視部4本の輝線スペクトルを Balmer は5桁の精度で数式に表した．たとえば水素の原子軌道の3から2への遷移は656 nm に観測され，水素原子の α 線である．これらは後に Rydberg の式に発展し，Bohr は水素原子モデルへと展開した．

図2.3は地球の周りを回る宇宙ステーションの軌道にも見える．宇宙ステーションでの軌道ではそのロケットを噴射することにより軌道2から3に移り，ロケットを逆噴射すれば，3から2の軌道に移ることが可能であろう．適当にロケットの噴射量を調節すれば，2と3の中間的軌道に留まることも可能である．宇宙ステーションの軌道の位置は調節可能で連続可変である．水素原子の電子の軌道ではそうではなく，調節不可能，エネルギー位置は連続したものではなく，階段状にとびとびである．これをエネルギー準位という．

■**問題** 2.3　井戸型ポテンシャルで量子数4の波動関数の形を，コラム3の図2の量子数 1, 2, 3 の場合にならって描け．

2.4 吸収と発光

2.4.1 エネルギー準位の階層構造

分子のもつエネルギーは電子,振動,回転,並進のエネルギーの和であり,それぞれ不連続である.並進のエネルギー準位間隔はあまりに小さいため連続とみなしたほうが現実的であり,他の3つは図2.4に示すような階層構造で表される.すなわち,エネルギー準位の間隔は電子>振動>回転≫並進である.この準位間の"遷移確率"がゼロでなければ,この準位間に相当する光(電磁波)を吸収,あるいは発光できる.

2.4.2 Lambert-Beer(ランベルト-ベール)の法則

吸収される光の量と溶液の濃度との関係を以下に示す.長さ d の容器に吸光係数 ε をもつ分子が濃度 c で満たされている(図2.5).入射光 I_0 は容器中の分子によって弱められ出射光は I となる.したがって,このときの I_0 と I の関係は(2.5)式のように表される.

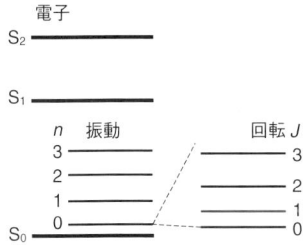

図 2.4 有機分子におけるエネルギー準位の階層構造
S_0, S_1, S_2 は電子状態であり,S_0 について振動(量子数 n)と振動の量子数 $n=0$ についての回転(量子数 J)を示してある.

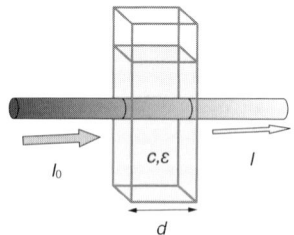

図 2.5　光の吸収：Lambert–Beer の法則

$$I = I_0 10^{-\varepsilon cd} \tag{2.5}$$

ここで c はモル濃度であり，ε はモル吸光係数である．(2.5) 式は次のように近似できる．

コラム 4

遷移モーメントと選択律

　光の吸収，発光のかかわるエネルギー準位は Bohr の振動数条件，(2.4) 式を満たす．エネルギー準位が移ることを「遷移する」という．(2.4) 式を満たしても，遷移が起こりやすい場合，ほとんど起こらない場合がある．起こりやすい場合，その遷移が「許容である」といい，ほとんど起こらない場合は「禁制」と分類する（厳密な禁制では遷移は起こらない．）．許容，禁制の遷移に関した規則を選択律という．有機分子の電子準位間の遷移，$\pi^* \Leftrightarrow \pi$，では許容，禁制がある．許容の場合，分子吸光係数 $\varepsilon \sim 10^{4\sim 5}$ M^{-1} cm^{-1} である．有機分子の $\pi^* \Leftrightarrow n$ 遷移は禁制で，$\varepsilon \sim 10^{1\sim 2}$ M^{-1} cm^{-1}，一重項 $\Leftrightarrow$ 三重項はスピン禁制とよばれている．遷移金属の $d^* \Leftrightarrow d$ 遷移では，気相原子は禁制であるが，溶媒，固体中では配位子により対称性が崩れ，一部許容となる．しかし，$\varepsilon \sim 10^{1\sim 2}$ M^{-1} cm^{-1} である．希土類の $f^* \Leftrightarrow f$ 遷移では配位子による対称性の崩れ

光の吸収量 $= I_0 - I = I_0(1-10^{-\varepsilon cd}) \approx 2.303\varepsilon cd \times I_0$

光の吸収量はモル吸光係数 (ε)，濃度 (c) に比例する（ただし，$\varepsilon cd \ll 1$）．$\varepsilon cd > 0.5$（濃度が高い場合など）では吸収量は濃度に比例せず，吸収の飽和現象が起こる．モル吸光係数 ε の単位は M^{-1} cm^{-1}，濃度 c は $M = mol\ L^{-1}$（$L = dm^3$），εcd は吸光度，I/I_0 は透過率 T という．

同じことであるが，次式も用いられる．

$$I = I_0\, e^{-\sigma Nx} \tag{2.6}$$

ここで σ：吸収断面積 [cm^2]，N：1 cm^3 あたりの分子数または原子数 [cm^{-3}]，x：光路長 [cm]．

は小さく，吸光係数は $\varepsilon \sim 10^{0 \sim 1}\ M^{-1}\ cm^{-1}$ であり，禁制に分類される．

遷移の許容，禁制，吸収係数（ε または σ）の大小は，次の遷移モーメントの大きさによって決められる．

$$\mu_{fi} = -\int \Psi_f^* er\, \Psi_i\, d\tau, \qquad 吸光係数（\varepsilon\ または\ \sigma） \propto |\mu_{fi}|^2$$

ここで Ψ_f，Ψ_i は遷移の終わり，初めの準位の波動関数である．振動，回転準位間の遷移についてもこの式で評価できて，以下のような選択律がある．

- 振動遷移の場合，振動の量子数 n とし，その差 Δn が $\Delta n = \pm 1$，かつ，その振動に伴い分子が瞬間的に双極子モーメントをもつ．たとえば，二酸化炭素の変角振動 667 cm^{-1} は許容，対称伸縮振動 1,388 cm^{-1} は禁制．
- 2原子分子の回転遷移の場合，回転の量子数を J とし，その差 ΔJ が $\Delta J = \pm 1$，かつ，分子が永久双極子モーメントをもつ．たとえば，窒素の回転遷移は禁制で，塩化水素は $\Delta J = \pm 1$ の場合に許容．

吸収断面積 σ とモル吸光係数は次の関係がある．

$$\sigma\,[\mathrm{cm}^2] = 3.82\times10^{-21}\varepsilon\,[\mathrm{M}^{-1}\,\mathrm{cm}^{-1}] \tag{2.7}$$

■**問題 2.4** Lambert-Beer の法則の式（2.5，または 2.6）を示せ．

■**問題 2.5** 0.000 010 M（M＝mol L^{-1}）のローダミン 6G，2 mm のセル，532 nm の透過率 T が 10% のとき，モル吸光係数を計算せよ．この吸収断面積を計算せよ．

■**問題 2.6** 井戸型ポテンシャルで準位 1 から 2 への遷移は許容である．これをコラム 4 に示した式を用いて考察せよ．積分関数が奇関数であれば積分はゼロ，偶関数の場合にはゼロではないことを念頭におく．

■**問題 2.7** 二酸化炭素の変角振動 667 cm^{-1} はグリーンハウス効果に関係した振動である．振動に伴い瞬間的に双極子モーメントをもつことを示せ．

2.4.3 吸収と蛍光，Kasha（カーシャ）の規則 [1]

図 2.6 は電子的に励起された溶媒中の有機分子のエネルギー緩和過程を表している．図ではエネルギーを縦軸にとり，電子状態の準位を水平な線で表す．これを Jablonski（ヤブロンスキー）図とよんでいる．ここでは振動準位を省略して描いてある．高い励起状態（S_n；S_1 より高い状態，$n=2,3,\cdots$）に励起されても発光は S_1 の最低振動状態から起こる．これを Kasha の規則という．Kasha の規則は発光が励起波長に依存せず，一定であること，系間交差や反応を含む後続過程もこの状態を起点とすることを意味している．光励起は 10^{-15} s，すなわちフェムト秒で起こり，S_n は高速で最低励起一重項 S_1 の最低振動状態に緩和する．その緩和の過程は内部転換（ic，その速度 k_{ic}）とよばれ，速度は 10^{12} s^{-1} のオーダーである．緩和に伴って放出されるエネルギーは最終的には溶媒に移り，熱となる．S_n から S_1 の緩和の途中では，エネルギーが励起された分子の

2.4 吸収と発光　19

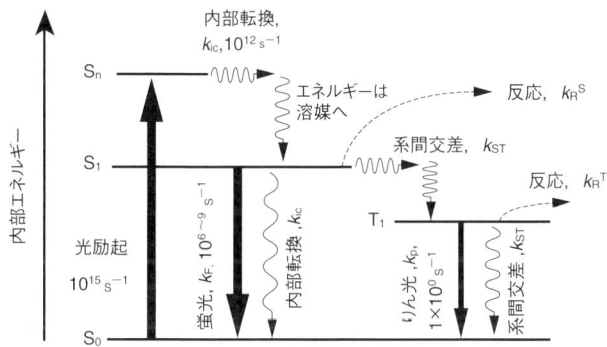

図2.6　溶液中，有機分子の光励起（吸収）と励起分子の運命（緩和）

振動に再分配されることもある．Kashaの規則はたいへん便利ではあるが，アズレン分子，200 nmに近い紫外光励起の場合など，例外となるものは少なくない．また，気相中で孤立している励起分子には適用できない．

　S_1の最低振動状態から蛍光，内部転換，反応，そして系間（項間）交差が起こる．蛍光の速度はアントラセンでは1.75×10^8 s^{-1}

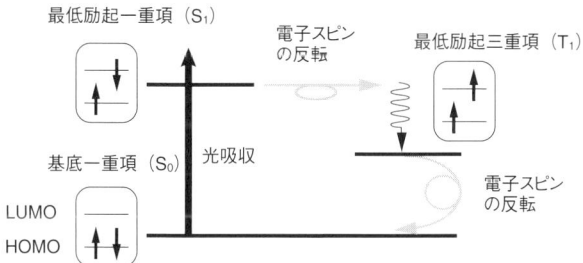

図2.7　溶液中，有機分子の系間交差とスピンの配列
LUMO: lowest unoccupied molecular orbital, 最低空軌道．
HOMO: highest occupied molecular orbital, 最高被占軌道．

(寿命 τ_f 5.7 ns),系間交差はスピンが反転して最低三重項状態(T_1)を生じる過程である.T_1 から基底状態(S_0)に戻る過程も系間交差である.これに伴う発光をりん光という.T_1 の寿命は長く,低温の固体溶媒中では 20 s を超す有機分子もあるが,常温溶液中では不純物(酸素など)との衝突によってエネルギーが失われ寿命は短くなる.図 2.7 には系間交差の際に関係したスピン状態を示す.

2.4.4 吸収と蛍光スペクトル―アントラセンの例

図 2.8 にアントラセン(シクロヘキサン溶媒)の場合の吸収と蛍光スペクトルを示す.吸収スペクトルは $S_0 \to S_1$ の電子遷移のもので,それに振動が重なっている.たとえば S_0 の振動 $v=0$ から S_1

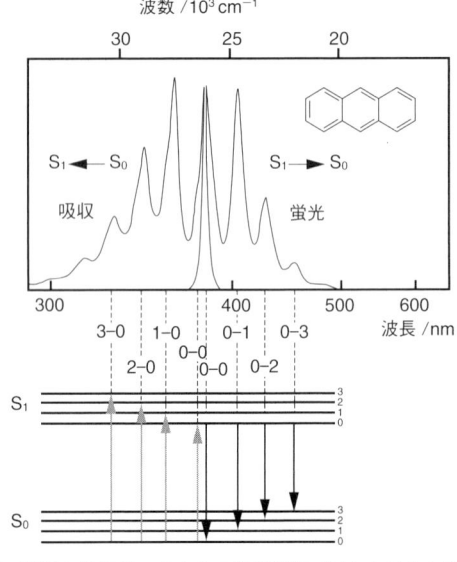

図 2.8 吸収と蛍光スペクトルの鏡像関係(アントラセンの場合)

の振動 $v=0, 1, 2, 3$ への吸収が 330〜390 nm 付近にあり，構造のあるスペクトルが見られる．その後，蛍光は S_1 の振動 $v=0$ から S_0 の振動 $v=0, 1, 2, 3, \cdots$ への蛍光が 390〜500 nm に見られる．S_0, S_1 の振動数がほぼ同じであるので，結果として，0-0（振動の量子数が S_0, S_1 で 0）のエネルギーを鏡面として「鏡像の関係」が現れる．

2.4.5 溶媒の配向緩和と Franck–Condon（フランク–コンドン）の原理

光の吸収や発光の遷移そのものはフェムト秒（10^{-15} s）程度で起こる．これはさらさらの溶媒の配向緩和時間 τ_R, 分子の振動周期 τ_v に比べてはるかに短い時間である．蛍光寿命 τ_F は τ_R よりは長くナノ秒程度のものが多い．したがって，次の関係が成り立つ．

　　遷移時間 $< \tau_v < \tau_R < \tau_F$

このことから，電子遷移は周りの溶媒を含め分子の核の位置を変えないで起こるという近似が可能となる．この近似を Franck–Condon の原理という．一例を以下に示す．

N,N-ジメチルアミノベンゾニトリル（DMABN，図 2.9）はその蛍光が溶媒の極性の影響を受ける分子として数十年にわたって研究されてきており，諸論があるが，ここでは簡単のため，光励起により，直接電荷移動（CT）状態になると考えよう（実際は分子内でねじれが起こり，CT 状態になる）．基底状態ではジメチルアミノ基は $\delta+$，CN 基は $\delta-$ になっており，5 D（デバイ，1 D = 3.335 64 $\times 10^{-30}$ C m）の双極子モーメントをもつ．励起直後には電荷が移動し，17 D になると考える．極性分子は新たな 17 D の分子を受け入れるため向きを変え，励起状態で安定化された配置となる．この過程を溶媒の配向緩和という（図 2.9）．

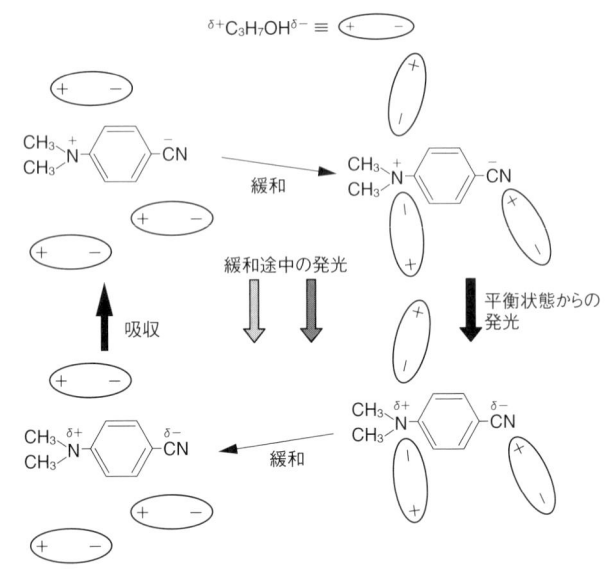

図 2.9 溶媒の配向緩和と Franck–Condon の原理
吸収と発光は垂直の矢印で表す．

　吸収の際には溶媒分子は熱的平衡で DMABN 分子の周りに位置している．蛍光寿命 τ_F は 4.3 ns，蛍光のシフトの緩和時間（τ_R に相当）は 1.5 ns である．（-80℃ として溶媒の粘性を高め，室温での 60 ps より遅くなっている．）励起後，0.5，1.5 ns と緩和途中の発光を観測できている（図 2.10）．5 ns は励起状態で安定化された状態からの蛍光である．励起直後は 5 D の双極子モーメントをもつ分子に最適の溶媒の配置となっており，0.5 ns ではほぼその配置で 17 D の双極子モーメントをもつ分子の発光である．5 ns では 17 D の双極子モーメントをもつ分子に最適の溶媒の配置から基底状態への蛍光である．基底状態に遷移した直後は 5 D の双極子モーメントを

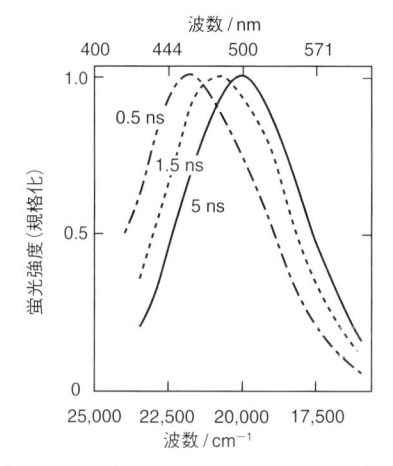

図 2.10 プロパノール中，−80℃ における N, N'-ジメチルアミノベンゾニトリルの時間分解蛍光スペクトル [2]

もつ分子に戻るため，遷移の後，溶媒が再配向し，5 D の双極子モーメントをもつ分子に最適の溶媒の配置に至る．光の電子遷移一つひとつを見れば電子の分布は変わるが，それに溶媒も含めた核配置は追随できない，という考え方（Franck-Condon の原理）が図 2.9 のエネルギーサイクルの基本になっている．この考え方は固体，液体の波長可変レーザー，分子間の電子移動やエネルギー移動反応の場合にも適用できる．

2.5 光化学

光励起されたのち，拡散律速反応，エネルギー移動，電子移動，光解離などが起こる．中間体の吸収スペクトルおよび発光は反応追跡の有力な手段である [1]．

第3章

レーザー [3,4]

3.1 レーザーとEinstein

　レーザーの歴史をさかのぼれば，20世紀最高の科学者である天才，Einsteinに到達する．Einsteinは1905年に相対性原理を考え出し，光電効果（光を固体表面に照射すると電子が飛び出す）を説明した．約100年前（1916年），レーザーに関して彼は何をしたのか？　自然界の2つの普遍の原理からレーザーの原理「誘導放出」の概念を導きだした．レーザーが発明された1960年の44年も前のことである．普遍の原理の一つがBoltzmann（ボルツマン）分布であり，もう一つが黒体放射である．これらはコラム5で説明する．

　レーザー（laser）という語は，light amplification by stimulated emission of radiationの頭文字をとってつくられた．stimulated emissionは誘導放出であるから，レーザーは「誘導放出」を利用した「光の増幅」である．Einsteinはこの「誘導放出」の存在を示した．この導出過程を簡単に紹介する．

　図3.1に示すように，2準位を考える．励起状態（上準位）のエネルギーをE_2，基底状態（下準位）のエネルギーをE_1とする．N_1は基底状態の分子数，N_2は励起状態の分子数とする．基底状態の分子（あるいは原子）は入射光I（Planckの放射スペクトル分布の

コラム 5

Boltzmann 分布と黒体放射

Boltzmann 分布

エネルギー準位 ε_i の分子数の比率を図1に示す.

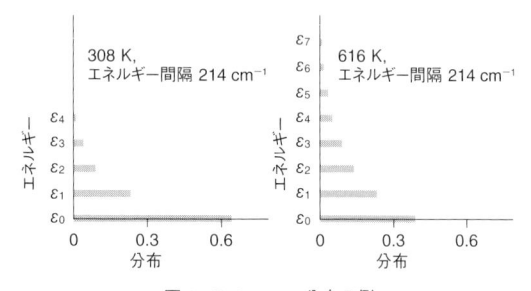

図1 Boltzmann 分布の例
等間隔のエネルギー（214 cm^{-1} はヨウ素分子の振動数）

　等間隔のエネルギー（214 cm^{-1}），温度 308，616 K で Boltzmann 分布を計算してみた．特徴は，高いエネルギーをもつ分子の数はエネルギーの増大とともに少なくなることである．温度が上がれば，低いエネルギーに分布していた分子が，高いエネルギーに分布するようになる．基底状態（最低のエネルギー状態，図1で ε_0）の分子数が温度に関係なく最も多い．高いエネルギーをもつ分子の分布が低いエネルギーをもつ分布より大きくなることは決してない．ただし，これは熱的な平衡状態での話である．外からエネルギーが加わったり，分子が解離したりすれば，そのときは分布が崩れる．厳密にいえば現実の系の分布は Boltzmann 分布から常に外れていて非平衡状態であり，Boltzmann 分布に向かって緩和している．緩和にはその環境により特有の時間を要し，一瞬に起こるというようなことはない．したがって，緩和の途中で外部からエネルギーが加わることになり，程度に差はあるが非平衡となる．

　図1に示した系でエネルギー差 $\Delta\varepsilon = \varepsilon_2 - \varepsilon_1$，エネルギー ε_2 をもつ分子数 N_2，エネルギー ε_1 をもつ分子数 N_1 とすると，Boltzmann 分布を簡略化した次式が

成り立つ.

$$\frac{N_2}{N_1} = \exp\left(-\frac{\Delta\varepsilon}{kT}\right) \tag{1}$$

ここで, k：Boltzmann 定数, T：絶対温度. Boltzmann 分布の導出法として, エネルギー, 粒子数の保存（これらは熱力学第 1 法則と考えてもよい），これにエントロピー増大（熱力学第 2 法則）を考慮に入れ, 数学的に取り扱う（詳しくは物理化学の教科書 [5] を参照）. したがって, Boltzmann 分布は熱力学の数式的表現のようにも見え, 自然界の普遍的原理の一つである.

黒体放射

まず認識すべきことは,「すべては光っている」ということである. 5,800 K の放射, それが太陽であるし, 地球は 288 K での放射, あなたの顔は 310 K 付近での放射により光っているのである. 波長が可視光でない場合は光っていることが直感的にわかりにくいということはある. 宇宙のあらゆる方向から波長 1 mm をピークとする電波があることが 1965 年に発見された. 宇宙はビッグバンによって誕生し, 膨張に伴って冷却された. そしてその名残が 3 K の放射 (1 mm) である. これを黒体放射（black-body radiation）というが, これは普遍的自然現象である.

どのような光が発せられるか, について Planck はスペクトル分布の式（放射に関する Planck の法則）を考え出した. 振動数 ν での光の強度 ρ は次式で表される.

$$\rho = 2 \times \frac{4\pi\nu^2}{c^3} \frac{h\nu}{\left(\exp\left(\frac{h\nu}{kT}\right) - 1\right)} \tag{2}$$

(?) 式の説明をしよう. 最初の 2 は光が 2 つの偏光方向をもつためであり, 次の $\frac{4\pi\nu^2}{c^3}$ は単位体積あたり, 単位周波数（周波数は (2.1) 式を参照）あたりの振動子の数を勘定している. 放射体（＝黒体）は振動子（＝ここでは振動している分子, 原子のペアと考える）で詰まっていると考える. $\dfrac{h\nu}{\left(\exp\left(\frac{h\nu}{kT}\right) - 1\right)}$

はその振動子がもっている平均エネルギーを表している．（詳しくは物理化学の教科書 [5] を参照）．(2) 式は Planck の放射スペクトル分布の式とよばれている．この式を用いれば，太陽，地球，宇宙，そしてあなたがどのような波長の光を発しているかを計算できる．太陽の表面温度に近い 5,800 K について計算されたスペクトルを図 2 に示してある．地球の放射のピークは約 15 μm 付近にあり，放射エネルギーのピークの値は太陽に比べ 100 万分の 1（0.5×10^{-6}）倍程度である．これは二酸化炭素の変角振動の波数（667 cm^{-1}）に相当し，グリーンハウス効果と関係がある．

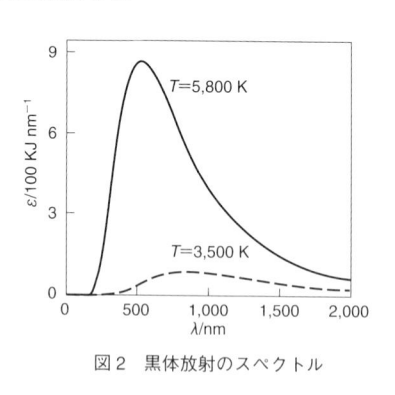

図 2 黒体放射のスペクトル

式の ρ に相当）に比例して光を吸収するであろう．また，励起状態の分子は自然に元に戻るであろう．

Einstein は光の吸収係数を B（Einstein（アインシュタイン）の B 係数）と名づけたが，基底状態から励起状態への係数 B_{12} は前述の Lambert-Beer の法則で出てきた分子吸光係数 ε あるいは σ と同じ意味を有している．励起状態ができればそれはある寿命で基底状態に戻り，その速度定数は Einstein の A 係数とよばれる．これは有機分子の運命のところで示した蛍光と同じであり，寿命の逆数で

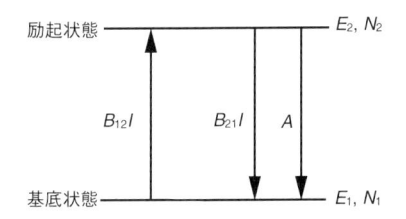

図 3.1 誘導放出の概念を説明する Einstein のモデル

もある．したがって，以下のように表せる．

$B_{12} \propto \varepsilon$ または σ
$A = k_\mathrm{F} = \tau_\mathrm{F}^{-1}$

図 3.1 で示した系が熱的に平衡状態にあるとすると，コラム 5 で示した 2 つの普遍的原理もこの系で成立しているはずである．このときに励起状態から基底状態に戻る過程に B_{21}（誘導放出の係数）を入れることによって，Einstein は 2 つの普遍的原理と矛盾することなく説明することに成功した．結局，$B_{12}=B_{21}$ すなわち，誘導放出が存在し，その係数は吸収係数と同じ大きさである．

3.2 光の吸収と増幅

光の吸収の式として Lambert-Beer の法則の自然対数 e を使った表現（(2.6) 式）を (3.1) 式として再度示す．

$$I = I_0 \, \mathrm{e}^{-\sigma Nx} \tag{3.1}$$

ここで，I_0 は入射光，I は媒質中を長さ x 進んだ後の光の強度である（図 2.5 参照）．σ は吸収断面積で，上述の B_{12} に比例する．N は対象となる原子あるいは分子の数である（図 3.1）．実は Lambert-Beer の法則は $N_2 \ll N_1$ の条件の下で適用できる式である．上

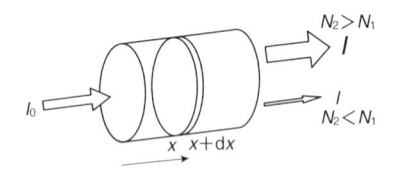

図 3.2 Lambert-Beer の法則と媒質の長さ x との関係
光増幅への展開.

準位の占有数 N_2 が無視できない状況では，(2.6) 式の N は N_1-N_2 とすべきである．$\Delta N = N_2 - N_1$ とすれば，Lambert-Beer の法則は次の (3.2) 式のように書ける．

$$I = I_0 \, e^{\Delta N \sigma x} = I_0 \, e^{g_0 x} \tag{3.2}$$

ここで，σ は本来吸収断面積と同じ大きさであるが，名称は誘導放出断面積となる．$g_0 = \Delta N \sigma$ とし，g_0 を小信号利得係数とよぶことがある．

Boltzmann 分布からはずれ，上準位の占有数 N_2 が無視できなくなり，ついには $N_2 = N_1$，$\Delta N = 0$ となった状況を考える．(3.2) 式から，$I = I_0$ が得られ，入射光はそのまま透過し，見かけ上透明に

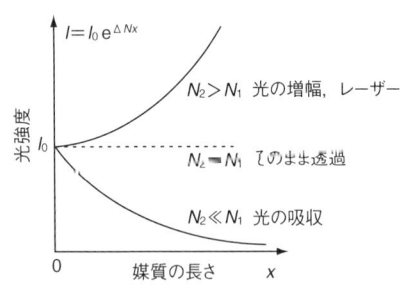

図 3.3 入射光強度 I_0 は N_1 と N_2 の大小関係によって吸収，そのまま透過，または増幅される

なる．何らかの方法で，$N_2>N_1$，$\Delta N>0$ が達成できたとすれば，$I>I_0$，すなわち，透過した光は入射光よりも強くなり，増幅される（図3.2，図3.3）．これはレーザー発振（ペアになった鏡の中で何度も光が往復し，一部が鏡のペアの外に出てくる）の素過程と見ることができる．また，レーザー光を増幅する場合，すなわち，入射光をレーザーにすれば，レーザーの増幅器で起こる現象そのものである．入射光が自然放出光（蛍光など）に相当する場合，出力光 I をレーザーと区別し，ASE（amplifired spontaneous emission, 増幅自然放射光）とよぶ．

$N_2>N_1$ の状況を逆転分布という．ルビーレーザー（694.3 nm）の場合を図3.4を用いて説明しよう．エネルギー ε_1 の準位には室温で ε_0 の準位のわずか 6×10^{-31} 倍分布しているにすぎない．この準位の状態を増やしたいのであるが，直接 ε_1 の状態にポンピングし，逆転分布を達成することはできない（問題3.1）．そこで ε_2 と ε_1 間の速い緩和を利用する．これは図2.6「溶液中，有機分子の光励起（吸収）と励起分子の運命（緩和）」で，$S_2\to S_1$ がきわめて速い緩和を示し，Kashaの規則が成立したが，それと同じ状況である．結果としてエネルギーを ε_1 の状態にため込むことができ，ε_0

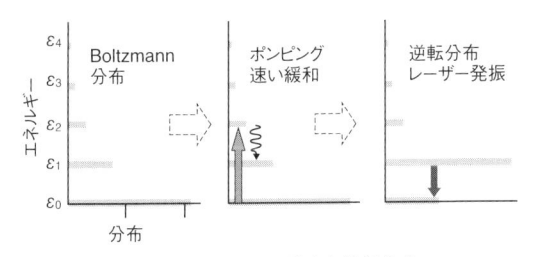

図 3.4　Boltzmann 分布と逆転分布
三準位レーザーのエネルギー準位と分布，レーザー遷移．

をもつ準位と ε_1 の準位間に（Boltzmann 分布を基準にすると）逆転分布の状態を実現できる．図 3.4 にこの状況を模式的に示す．3 つの準位を利用してレーザー発振をさせるため，三準位レーザーとよばれる．

■**問題** 3.1　二準位モデルで光によるポンピングすることを考える．ポンピングを強くすれば，上準位の分布は増える．しかし，逆転分布を達成することはできない（レーザー発振に至らない）．理由を述べよ．

3.3　よく利用されるレーザーのエネルギー準位

よく利用されるレーザーとしては，Nd（ネオジム）レーザー，Ti（チタン）：サファイヤレーザー，エキシマーレーザーがある．

Nd^{3+} のエネルギー準位を利用した Nd：YAG レーザーは四準位レーザーであり，その準位図を図 3.5 に示す．YAG とはイットリウ

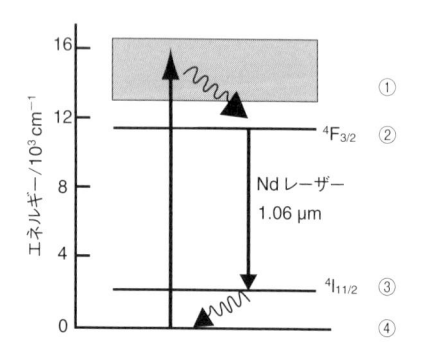

図 3.5　Nd^{3+} のエネルギー準位を利用した YAG レーザーは四準位レーザー
上向きの矢印：ポンピング，斜めの波矢印：速い無放射遷移，下向きの矢印：レーザー．①〜④はレーザーの準位数を示す．

ムアルミニウムガーネット（$Y_3Al_5O_{12}$）のことで，その結晶に重量％で 1%Nd^{3+} がドープされている．医療，加工，研究用によく利用されている．

Nd：YAG レーザーは典型的な固体レーザーである．固体中，液体中では吸収された光エネルギーが高速で熱に変わる過程があり，Nd：YAG レーザーではこれが巧みに利用された．上準位と下準位の間のエネルギーギャップが大きい場合，発光が支配的となる．これが図 3.5 に示した②と③のギャップである．この発光の波長は赤外の 1.06 µm であり，レーザー発振に利用された．ギャップが小さいと溶媒の振動などにエネルギーが移動する．①から②，③から④の過程は小さいエネルギーギャップなので，高速で熱に変わる過程である．ところで，最初にレーザーに用いられたルビーは固体の三準位レーザーであった．これは図 3.5 において③，④の準位が同一となった場合と考えることができる．図 3.6 に Nd：YAG レーザーと Ti：サファイヤレーザーのロッドを示す．

四準位レーザーの下準位③は Nd：YAG レーザーの場合，基底状態④に比べ 2,110 cm^{-1} だけエネルギーが高い．したがって，下準

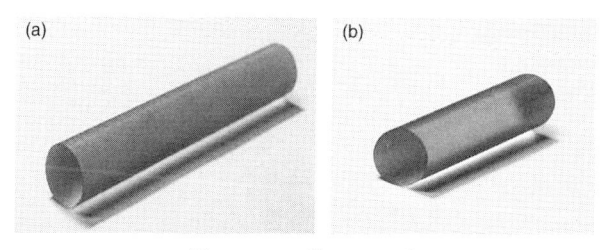

図 3.6 レーザーのロッド
(a) Nd：YAG レーザー（YAG（$Y_3Al_5O_{12}$））12.7 mmϕ ×75 mm，(b) Ti：サファイヤ（Al_2O_3）レーザー，6.4 mmϕ ×18.5 mm．両者とも増幅用で，発振器用はこのサイズより小さい．

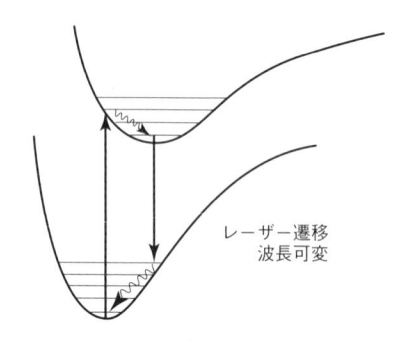

図 3.7 Ti：サファイヤレーザー，色素，カラーセンターレーザーは四準位
レーザーと見なすことができる

上向き，下向きの矢印，波線矢印は図 3.5 と同様．ポテンシャル曲線の中の横線はフォノンの準位を示す．

位③の室温でのBoltzmann分布は基底状態④のわずか4×10^{-5}と予想される．三準位レーザーでは逆転分布達成のためには基底状態の50％以上をレーザー上準位にポンピングする必要があるが，四準位レーザーでは基底状態の10^{-4}，0.01％を上準位に上げれば逆転分布を達成できる，という計算になる．四準位レーザーのほうが圧倒的に容易にレーザー発振することができる．

Ti：サファイヤレーザーなどのエネルギー準位図を図3.7に示す．これは図3.5と同様の四準位レーザーとみなすことができる．同じ固体レーザーであるのにNd：YAGレーザーでは図3.5，Ti：サファイヤレーザーでは図3.7を使う，なぜか？ Ndレーザーでは発振に関与する準位が4f電子である．f電子は固体中でも原子のエネルギー準位をおよそ保持しているのに対し，Ti：サファイヤレーザーでは溶媒との相互作用のため3d電子は分裂し，気相とは異なる準位となるからである．

溶媒や結晶場中の電子状態では，振動，フォノン（固体中の格子

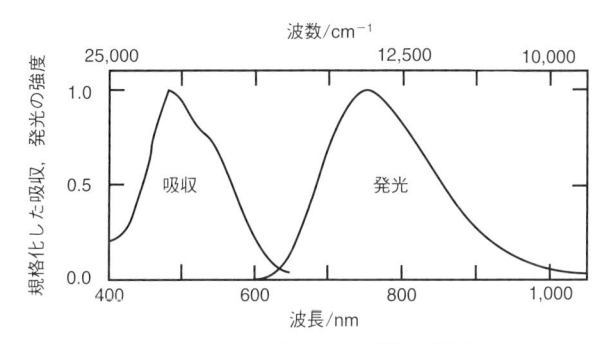

図3.8 サファイア中の Ti^{3+} イオンの吸収,発光スペクトル

振動)の準位が重なっている.さらに,各種分子間相互作用が加わり,時にその広がりは 2,500 cm^{-1}(75 THz)を超える.気体原子も Doppler(ドップラー)効果で広がり(典型的には 0.0015 THz)はあるが,その幅に比べ桁違いに大きい.代表例として図3.8にサファイア中の Ti^{3+} イオンの吸収,発光スペクトルを示す.この材料は条件を整えれば,700〜1,100 nm で発振できる Ti:サファイヤレーザーとなり,また,フェムト秒レーザーに最適である.

紫外で大出力の得られるエキシマーレーザーでは,図3.9に示すエネルギー準位を書くことができる.希ガスとハロゲン原子は基底状態(下準位)で van der Waals(ファンデルワールス)の分子間相互作用があるが,安定な分子を形成しない.KrF(フッ化クリプトン)レーザーの場合,放電でできる Kr^+ と F^- は深い結合性ポテンシャルを形成し,レーザー上準位となる.下準位には KrF ペアの分布がきわめて少ないから,容易に逆転分布を達成できて発振し,紫外域で大出力レーザーが可能となる.KrF エキシマーレーザーは紫外部の 248 nm でパルス発振するので,種々の光化学反応を起こすことができる.

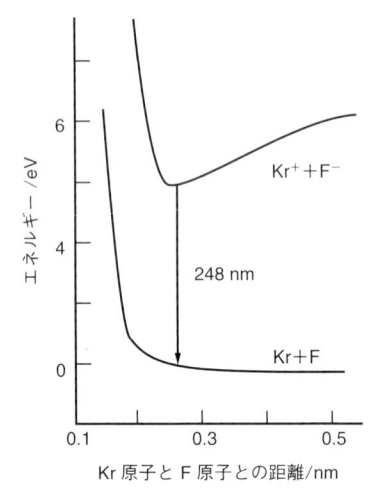

図 3.9 KrF エキシマーレーザーのエネルギー図

■**問題** 3.2 Nd レーザーは四準位レーザーで，レーザーの下準位は基底状態より $2,100 \text{ cm}^{-1}$ 上にある．室温で基底状態に比べレーザー下準位の割合が 4×10^{-5} であることを確認せよ．室温の $kT = 207 \text{ cm}^{-1}$ とせよ．

3.4 なぜ鏡は必要か？ 鏡が決めるレーザーの性質

　レーザー装置の構成例を図 3.10 に示す．レーザー媒質，たとえば Nd：YAG レーザーのロッド，それを励起するランプ，そして，ロッドを鏡ではさむ（これを共振器という）．相対する 2 枚の鏡が共振器の基本である．全反射鏡と部分透過鏡から構成される．

　さて，なぜ鏡は必要か？ 鏡の間にあるろうそくを考えてみると自明である．図 3.11 は，鏡の反射により光路長が長くなっていることを示している．

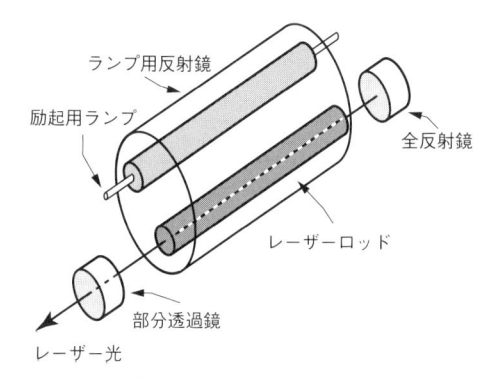

図 3.10　Nd：YAG レーザー，ランプ励起の場合の構成図

　光増幅の（3.2）式は $I=I_0\,\mathrm{e}^{\Delta N\sigma x}=I_0\,\mathrm{e}^{g_0 x}$ であった．x は光路長である．x を大きくとると出力 I には絶大な効果がある．単なる足し算ではなく，指数関数で著しく増強される．ただ，両方が100％反射鏡であれば鏡の内側（共振器）で光が強くなっているだけで，外にレーザー光を取り出せない．したがって，鏡の片方は部分透過鏡になっている．この部分透過鏡はレーザーの種類により，＜1％

図 3.11　鏡の間にあるろうそく→光路長が長くなる

透過（連続のガスレーザー）から>95%透過（エキシマーレーザー）までさまざまで，レーザーの性質に応じて使い分ける．

さて，鏡は光の増幅だけでなく，別の著しい効果をもたらす．第一はレーザーの**指向性**である，つまり，レーザー光はほとんど広がらずにまっすぐ進む．本来レーザー光の増幅される過程で一方向に強くはなっていくのであるが，鏡の効果でレーザー光は極限的に高い指向性を有するまでに成長する．もし共振器内で少しずれた方向の光が発せられたとしても，鏡を往復するうちに鏡のペアから外れてしまうであろう．

第二は**モード**である．モードとは，何度鏡の中を往復しても消えない波である．それは井戸型ポテンシャルの中の波と共通点がある（コラム3の図2）．コラム3の図2では電子を幅 a に閉じ込めたときのポテンシャルであった．電子の波長 λ との関係は $a = n\dfrac{\lambda}{2}$ で表された．ここで，a をレーザー共振器の長さ L に置き換えれば，$L = n\dfrac{\lambda}{2}$ となる．すなわち共振器内には定在波が生き残り（鏡の両端で節のある波，これを縦モードという），他の波は干渉によって消えてしまう．井戸型ポテンシャルではとびとびのエネルギー（周波数）の状態が存在しえた．レーザーも同じで，とびとびの周波数で発振できる．これは超短パルスの発生に関連し，レーザーの性質としてきわめて重要である．また，n が一つだけ違う場合，すなわち，隣のモードとの周波数の差 $\Delta \nu$ は次のようになる．

$$\Delta \nu = \frac{c}{2L}$$

モードには横モードとよばれる光の強度に関係したパターンがある．これを図3.12に示す．この形は井戸型ポテンシャルの電子密度の形を連想させる．レーザー共振器および井戸型ポテンシャルでは波を一定の領域に閉じ込めている，という点で類似した特徴が現

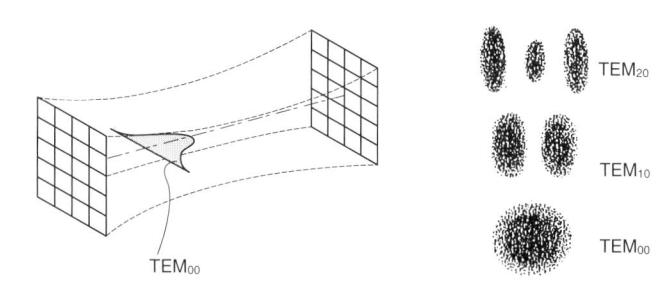

図 3.12 鏡の効果と横モードの例
通常，発振器の横モードは TEM$_{00}$ モードである．

れるのであろう．最も低次のモードは，レーザー光の強度の空間分布はガウス型であり，TEM$_{00}$ モードとよばれる．通常，発振器の横モードは TEM$_{00}$ モードである．

このように，鏡の効果すなわち，共振器を構成した結果引き出される性質には際立った特徴があることがわかる．光の強度は著しく増大できる．指向性が明確になる．モード（縦モード，横モード）が出現する．これらの性質は以下に述べる超短パルスの発生，高強度パルスの実現と直接関係する．

共振器内で発生したモードは可干渉性の性質として現れる．図3.13 にはその様子の一部を示す．レーザーの波は鏡のところで節になっている（ここでは簡単のため山が一致するように書いてある）．異なる波長の 2 本を重ねてみた．λ_1，λ_2 それぞれの波長では時間的に変化がないように見えたが（図 3.13a, b），重ねると干渉の結果，高いところの振幅は 2 倍になり，谷では消えたように見える（図 3.13c）．全体として，エネルギー保存則は当然成り立っている．最初は時間的にフラットだった光が，振幅に偏りが起こり，図 3.13 の下に横の点線矢印で示したように「固まり」が出現する．これが短パルスレーザー光の発生原理であり，レーザーは本

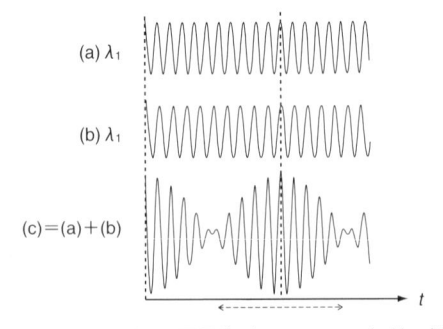

図 3.13 レーザーの可干渉（コヒーレント）性の例

質的に短パルスを発生できる性質を有している．

■問題 3.3　長さ L の共振器に N 個のモードがあるとすると $L=\frac{\lambda}{2}N$，$\nu=\frac{c}{2L}N$ となる．これを用いて隣のモードとの周波数の差（モード間隔）$\Delta\nu=\frac{c}{2L}$ を求めよ．

3.5　超短パルス

3.5.1　超短パルス発生の機構

3.4 節で述べた波の干渉を発展させると，短い光パルスを発生させることができる．パルス光とはカメラのフラッシュのように一瞬光る光のことである．それに対して時間的に連続的に光り続けている光は連続光（cw 光）とよぶ．短いパルスは多くの波の干渉の結果である．逆に長いパルスでは波がまったく重ならないように（縦モード 1 本（単一の波長）だけが発振するように）すれば，波長幅は狭く，時間的変動の少ないレーザーが得られる．

図 3.14 には 770〜830 nm の区間で 10 nm 刻み，時間 0 で山のピー

3.5 超短パルス　41

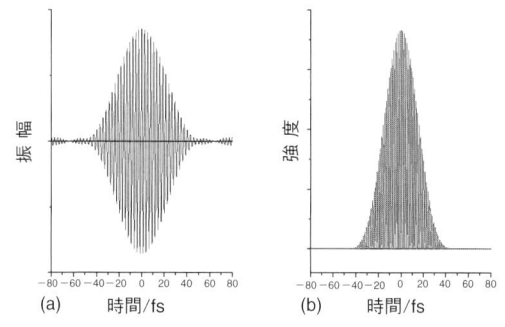

図 3.14　770〜830 nm を 10 nm 刻みで 7 本を重ね合わせた結果
(a) 電場（振幅 E）表示，(b) 光の強度の表示．

クが一致している波を 7 本重ね合わせた結果を示す．これはレーザーの 7 本の縦モードを重ねたことになる．時間幅は 30 fs まで短縮されることが示されている．図 3.13 で示したレーザーの可干渉（コヒーレント）性の例では 2 本の波であったが，7 本にしただけで，一挙にエネルギー集中が起こったことがわかる．よく使われているフェムト秒レーザーの Ti：サファイヤレーザーでは同様のことが起こっている．図 3.14a は波を重ね合わせた結果を示している．干渉の結果，短い時間内に集中している．これは電場（振幅 E）表示である．光は電場の 2 乗に比例するから，図 3.14b では振幅 E を 2 乗し，光の強度表示にしてある．30 fs はすでに超短パルスであるが，最先端の短いパルス幅としては 80 as（アト秒，10^{-18} s）まで報告されている（4.9 節参照）．

　実際に超短パルスを実現するにはレーザー共振器の中にシャッターに相当する光学素子を入れ，波の重ね合わせが起こるタイミングを合わせる．光パルスが共振器を往復するたびにそれと同期してシャッターが開閉するようにすればよい．

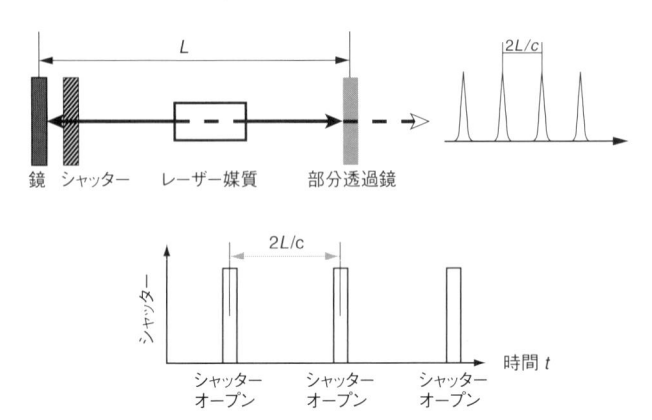

図 3.15 超短パルス発生の模式図

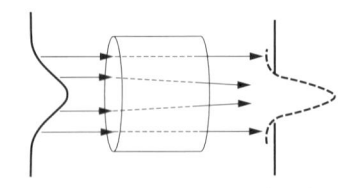

図 3.16 Gauss（ガウス）ビームによる光 Kerr（カー）レンズの効果の模式図

　図 3.15 はシャッターのはたらきを示す．光は共振器の中を往復している．共振器内の縦モードがうまく重なり，ちょうどそのときにシャッターが開けば，出力として $2L/c$ の間隔で短パルスが得られる．L は共振器長で 1.80 m とすれば，c は光速であるから，12 ns ごとのパルスになる．

　そのような高速のシャッターは機械的にはできない．現在は光 Kerr レンズが用いられている．光 Kerr レンズの効果を図 3.16 に示す．通常の光強度におけるシャッターの媒質の屈折率を n_0 とし，

電場の2乗 E^2 の下で変化した屈折率を非線形屈折率 n_2 とする．レーザー強度 I は $|E|^2$ に比例するから，n_2 は I の係数 γ としても表現される．係数 γ は小さいので高強度の I のもとで効果がでてくる．

$$n = n_0 + n_2|E|^2 = n_0 + \gamma I \tag{3.3}$$

中心で強度の高いビームがレーザー媒質に入ると，強度の高いレーザー光の中心部分で屈折率が大きくなる．つまり，凸レンズの効果が得られる．これを考慮に入れた共振器を構築すれば（原理的には共振器の鏡のペアの一方を凹面鏡にすればよい），強い光の場合だけ光は共振器内を往復できることになり，自作自演の超短パルス発振が得られる．なお，最初はパルス列が得られるが，偏光面を一瞬変える操作などを施し，1本のパルスを切り出すことができる．

3.5.2 超短パルスと単色レーザーの対比

超短パルスは多数の縦モードの重ね合わせの結果達成された．多数の縦モードは，異なる波長，あるいは周波数からなる波から構成されている．超短パルスのスペクトルはそれらの包絡線となり，スペクトルは広がりをもつことになる．超短パルスは単色のレーザーではない（図 3.17(a)）．

単色レーザーにするにはどうすればよいか？ 上記の議論から単一の縦モードを発振させれば良いことがわかる．実際には共振器の中に波長選択素子（通常はエタロン）を挿入する．単色レーザーでは時間的には広がったレーザー光となり，連続光であれば極限的に狭いスペクトル幅のレーザーにできる（図 3.17(b)）．ここで，エタロンは2枚の反射鏡を平行に向かい合わせたもので，その内部で光の干渉が起こり，反射光や透過光強度を変えることができる．

コラム 6

パルスの Fourier（フーリエ）の関係，チャープパルス

光パルスを $I(t) \propto e^{-2at^2}$ のように Gauss 型とすると，その Fourier 変換されたスペクトルは $I(\omega) \propto e^{-(\omega-\omega_0)^2/2a}$ と，これも Gauss 型になる．両者の半値全幅を掛け合わせると Fourier の関係，(3.4) 式が得られる．等号が成立する場合を Fourier 変換限界パルス（transform limited pulse）という．このとき，チャープ（chirp，時間に伴い波長が変化すること）はない．

時間とともに波長が変化する場合，(3.4) 式の等号は成立しない．パルスの時間的に先端から後端に向かい波長が長波長（赤）から短波長（青）にシフトしていく場合を正のチャープ，反対を負のチャープとよぶ（下図）．ガラス，溶媒などでは可視部の短波長から紫外に向かい屈折率が増大する．フェムト秒パルスが伝搬するとき，屈折率の小さい長波長の（赤い）パルスが先に進み，青いほうは遅れることになり，媒体を通すだけで正のチャープをもつパルスになる．青いほうを先に反射し赤いほうを後（鏡の奥の方）で反射する「チャープ」ミラーがあり，チャープしたパルスを Fourier 変換限界パルスに変換することができる．

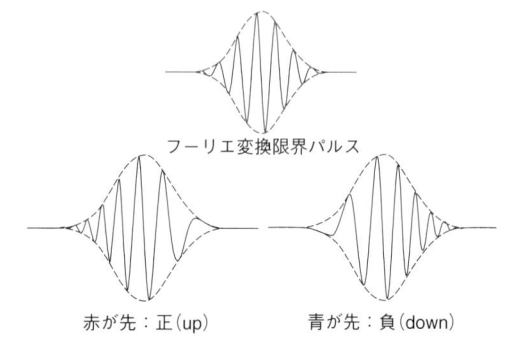

フーリエ変換限界パルス

赤が先：正 (up)　　　　　青が先：負 (down)

Fourier 変換限界パルスおよび正と負のチャープパルス

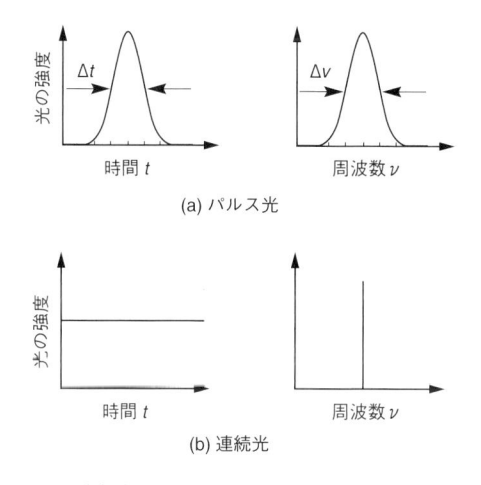

図 3.17 (a) 超短パルスと (b) 単色レーザー (連続光)

また，レーザー共振器もそのような鏡の組合せが基本であり，この型の共振器を Fabry-Pérot（ファブリ-ペロー）エタロン型という．

3.5.3 パルスの時間幅とスペクトル幅の積は一定

一般にレーザーのパルス幅が狭くなるとスペクトル幅は広くなる，という関係にある．800 nm のレーザー光の場合，30 fs のパルスでは約 31 nm のスペクトル広がりがある．光強度の時間依存性が Gauss 型でその半値全幅を Δt とした場合，スペクトル幅の半値全幅 $\Delta \nu$ との関係は次の (3.4) 式によって表される．

$$\Delta\nu\Delta t \geq 0.441 \tag{3.4}$$

波のある 1 点だけを見てもどのような波であるかが決まらない．このような関係は Fourier の関係から出てくる．Planck 定数 h を左

辺に掛けると (3.4) 式の左辺は $\Delta E \Delta t$ と書き直せる．不確定性原理では $\Delta E \Delta t \geq h/4\pi$ である．右辺の数値は異なるが物理的には波の性質から出てくることなので，(3.4) 式も不確定性関係といえる．

(3.4) 式によれば，10 ns パルスの場合，最もスペクトル幅の狭いスペクトルは 44 MHz が予想され，さらに狭いスペクトル幅を得ようと思えば，レーザー光はより長いパルスにしなければならない．狭いスペクトル幅のパルスの利用例として，レーザー同位体分離がある．ウラン原子の同位体シフトは 591.7 nm の準位では数ギガヘルツであり，これは約 0.006 nm に相当する．実際には波長可変ナノ秒レーザーのスペクトル幅を 100 MHz 以下に制御して実験された (4.8.1 項参照)．また，短パルスの 1 fs ではスペクトル幅は $\Delta \nu = 4.4 \times 10^{14}$ Hz (1.8 eV) に達すると予想される．

■問題 3.4 時間的に Gauss 型をした光パルスを $I(t) \propto e^{-2at^2}$ とし，この Fourier の関係のスペクトルを $I(\omega) \propto e^{-(\omega-\omega_0)^2/2a}$ とする．両式の半値全幅をそれぞれ Δt, $\Delta \omega = \Delta 2\pi \nu$ とすれば，(3.3) 式で等号が成立することを確かめよ．

3.6 大出力を得る

3.6.1 どこまでも光を強くできるか？

光の増幅の原理によると (3.2) 式，図 3.3 で紹介したことが，どこまでも指数関数的に増大できそうである．しかし，限界がある．それは何か．レーザーの強度が高くなりすぎて，レーザー光の強度自身でレーザーの増幅媒体が壊れてしまうことであり，もう一つは増幅の飽和である．まず，大出力化の基本的な方式を挙げておく．

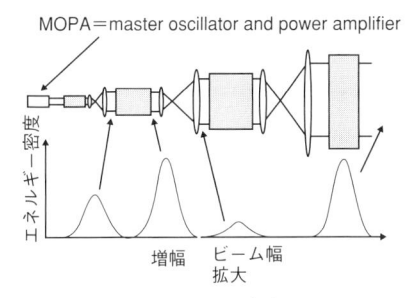

図 3.18 MOPA 方式 [6]
弱いが十分に制御されたレーザー光をまず発生させる．

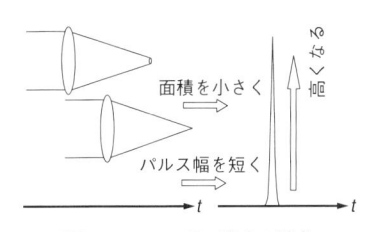

図 3.19 レーザー強度の強化
レーザー光をより小さく絞り，パルス幅をより短くすれば，ピーク値は高くなる．

まず強度は弱いが十分に制御されたレーザー光を発生させる．それを後に続く増幅器（逆転分布が形成された媒体）を通し，大出力とする．レーザー核融合用レーザーはその典型である．これは MOPA (master oscillator and power amplifier) 方式とよばれる．これを図 3.18 に示す．

さて，レーザーの強度（図 3.19 のピーク値）を高くするには入力エネルギーを大きくすることはもちろんだが，レーザー光をより小さく絞り，パルス幅をより短くすればよい．

レーザー強度 I は次のように書ける．

$$I = \frac{E}{s \cdot \Delta t} \tag{3.5}$$

ここで，E はレーザーのエネルギーで J 単位，分母の s はレーザー光の断面積，Δt はレーザーのパルス幅とする．I の単位は $[\mathrm{J\,s^{-1}\,cm^{-2}}] = [\mathrm{W\,cm^{-2}}]$ となる．I を大きくするには E を大きくし，分母の s, Δt を小さくすればよい．s については少し後で議論するように，レーザー光なのでかなり小さくできる．Δt についてはフェムト秒パルスを用いればよい．

増幅していく途中でレーザー媒体の破壊を避けるには I を小さくする，そのためには s（ビームの断面積）を大きくする，すなわち，レーザーを増幅していく過程では，レーザー媒体の口径を大きくしていく必要がある．なお，図 3.18 での「X 形」の光学系は集光させて細い孔を通し，空間的に乱れたレーザー光を取り除き，性質の良い成分のみを引き出すためで，スペーシャルフィルターとよばれている．

レーザー媒体が破壊されないようにするには I を小さくしたいのだが，Δt を大きくしてもよい．増幅する際には Δt を大きくして I をいったんは小さくし，媒体の破壊，レーザービームがゆがむことを避け，あとで Δt を元に戻す方式が考案された．これは高強度フェムト秒パルスを得る際の標準技術になっている．この方式はチャープパルス増幅とよばれている．1985 年に開発され，高強度レーザーパルスが実験室レベルで得られるようになった．この模式図を図 3.20 に示す．たとえば，最初は 7 nJ，0.35 MW の光が最後は 15 mJ，0.5 TW になるのであるから，ピーク値は発振器から約 140 万倍増強されている．得られたレーザー光を分子や物質に照射する際に高い強度にするには，その段階でレンズ，鏡などで集光し，照射断面積 s を極限まで小さくすればよい．

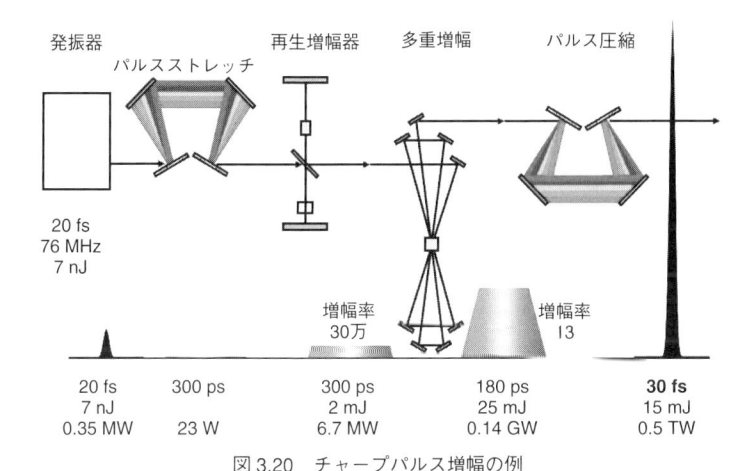

図 3.20　チャープパルス増幅の例

発振器（オシレータ）では 7 nJ, 20 fs であるが，最終的には 15 mJ, 30 fs（発振器の 10^6 倍以上の強度）になる．

3.6.2　発振の簡単なレーザー，大出力に適したレーザー

レーザー出力をどこまでも大きくすることはできない．もう一つの限界を大まかに表 3.1 に示したが，レーザー発振しやすい（誘導放出係数が大きい）と逆に出力は大きくとれない．その例が色素レーザーである．有機分子の許容の π-π 遷移の吸光係数は大きい．それは誘導放出係数が大きいことを意味しており，実際色素レー

表 3.1　レーザーエネルギーの出力の例

レーザーの種類	遷移	およその誘導放出係数 ≒吸光係数($M^{-1}cm^{-1}$)	飽和エネルギー ($J\,cm^{-2}$)
Nd レーザー（Nd^{3+}）	4f-4f	10	5
Ti：サファイヤレーザー（Ti^{3+}）	3d-3d	100	1
色素レーザー（ローダミン 6G）	π-π	50,000	0.002

ザーは簡単にレーザー発振できる．簡単にレーザー発振できるということは，上下順位分布数の差を大きくとれない，ということでもある．したがって，大きな出力エネルギーを取り出すことはできない．

Ndレーザーを考えてみよう．これは大出力が得られ，レーザー核融合用に使われている．レーザーは4f-4f遷移であり，禁制遷移に属する．媒体との相互作用でわずかに対称性が崩されるなどの結果，弱いながら遷移でき，その遷移が利用されている．色素レーザーの吸光係数に比べれば3桁小さく，逆にエネルギーをため込むことができて，レーザーエネルギーとしては3桁大きいエネルギーを取り出すことが可能となる．

一般の研究室で励起用光源としてよく利用されているTi：サファイヤレーザーは上記の2種類のレーザーの中間である．3d-3d遷移であり，媒体中の相互作用のため3d状態が分裂，対称性が崩され，吸収係数は色素に比べ小さく，希土類元素イオンのネオジムに比べて大きい．

取り出せる出力は逆転分布の分だけであると考える．上下準位分布数の差，$\Delta N = N_2 - N_1$の光子数，あるいはエネルギーで見れば$E_{out} = \Delta N \times h\nu$が取り出せる最大値である．レーザー光が弱い場合，(3.2)式で示したように指数関数的に急激に増倍されるが，逆転分布が少なくなれば，E_{out}に向かって飽和していくことは当然である．上述の繰返しであるが，ΔNを大きくとれるかどうかは誘導放出係数によってきまる．誘導放出係数が大きいとわずかな逆転分布でレーザー発振してしまうと考えられ，簡単にはΔNを大きくできず，エネルギーを上準位にためられない．Ndレーザーでは誘導放出係数が小さいので，かなりためこめ，大きい体積，あるいは高密度のレーザー媒体を利用できる．表3.1に示したエネルギーは飽

和エネルギーとよばれ，単位が J cm^{-2} であり，レーザーの特徴を表す指標の一つである．

3.7 どこまで広がり，どこまで絞れ，レーザー強度はどうなるか

1969年7月20日，米国のアポロ11号着陸船が月面に着陸，Neil Alden Armstrong 飛行士が，月に降り立った．その「足跡」の約30 m 離れたところに「コーナーキューブ」とよばれる鏡が100枚はめ込まれた板が置かれた．これに地球からレーザーを当て，その反射を測定すれば，月までの距離を測ることができる（図3.21）．

レーザーは指向性がある波であるから，ほとんど広がらないとはいえ，月に到達するときには 10 km 程度の直径になるという．指向性がある波（レーザー光）の広がりは (3.6) 式で表される．ここで半値全幅は $\Delta\theta_{1/2}=1.03\lambda/D$，単位は rad（ラジアン）である．

$$\Delta\theta = \frac{2.44\lambda}{D} \tag{3.6}$$

口径 D を 5 cm，波長 λ を 532 nm，月までの距離 38.4 万 km と

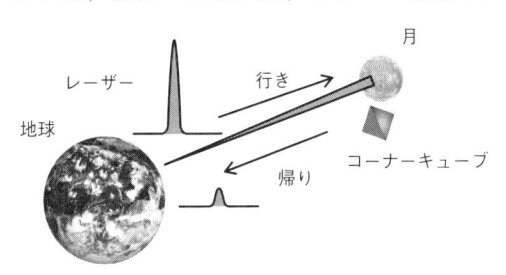

図 3.21 レーザー光による距離の測定
月に置かれたコーナーキューブにレーザーを照射，時間差を計測し，距離を測定する．

すると，$\Delta\theta \times 38.4$ 万 km $\approx$ 10 km に広がる，と計算できる（実際はメートル級の口径で行われた）．コーナーキューブは中が空洞の立方体の角を切りとったような構造をし，その内側が鏡になっている．面白い鏡でどの方向から光を入射しても 180° に反射，すなわち元の方向に反射する（したがって，別名リトロリフレクターといわれる）．月表面には地球の方向を厳密に気にしなくても，だいたいの方向に置いておけばよいはずである．地球に返る反射光も適度に広がるから，反射光が地球に到達するまでの 2.56 秒間に多少地球が自転しても元の位置で観測できそうである．結局，月は 3.5～3.8 cm/年遠ざかっていることがわかった．往復で 7.6 cm であるから，これを観測するには 250 ps の時間差が測定されている．その前に，月に打つレーザーパルスの時間幅は少なくとも数十ピコ秒以下でなければならない．なお，実験室レベルで光路調整をするとき，あるいは，トンネル工事でレーザーを利用して直線性を確認したいとき，レーザーはどこまで広がるだろうか．たとえば，1×10^{-3} rad のレーザーを 10 m 飛ばせば 1 cm 程度にまで広がる．

　レーザー光を集光すれば高強度にできる．焦点距離 f のレンズで口径 D のレーザー光を集光した場合，集光点の直径（ds）は $f\Delta\theta$ と近似できる（図 3.22）．$\Delta\theta$ は（3.5）式を用いて焦点直径を求め（(3.7) 式），（3.8）式によりその焦点における強度を評価できる．レーザーエネルギー 12.5 mJ，パルス幅 30 fs，口径 $D = 10$ mm，波

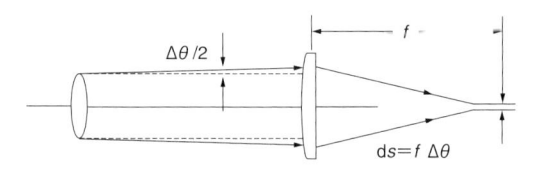

図 3.22　レーザー光を集光した場合の予想される焦点直径は $f\Delta\theta$

長 800 nm のレーザー光を焦点距離 $f=200$ mm のレンズで集光した場合, $s=\pi\left(\dfrac{ds}{2}\right)^2$ であるから 3.5×10^{16} W cm^{-2} となる.

$$ds = f\Delta\theta = 200 \text{ mm} \frac{2.44\times 800 \text{ nm}}{10 \text{ mm}} = 3.9\times 10 \text{ μm} \tag{3.7}$$

$$I = \frac{E}{s\cdot\Delta t} = \frac{0.0125 \text{ J}}{\pi(1.95\times 10^{-5}\text{m})^2\times 30\times 10^{-15}\text{s}} = 3.5\times 10^{16} \text{ W cm}^{-2} \tag{3.8}$$

このようにすると水素原子の 1s 軌道の電子が感じる電場 (5.1×10^{11} V m^{-1}) をレーザーパワー密度に換算した値, 3.5×10^{16} W cm^{-2} (コラム 7 参照) に達する. (3.8) 式は近似であり, 現実には 10 倍程度異なる場合がある (4.2, 4.3 節も参照).

■**問題 3.5** 月の表面のコーナーキューブ一つひとつは直径 10 cm だそうだ. レーザーの反射光が地球表面に到達したときどの程度に広がっていると予想できるか. 波長は 532 nm とする.

3.8 よく使われるレーザー光の性質

3.8.1 2 倍波発生

レーザーの波長は, 物質によって決まるエネルギー準位の差によって左右されるから, 必要な望む波長を出すことは一見難しそうである. お好みの波長を出すには, その波長に合う準位差のある物質を捜してくる. もちろん, これは可能で, 色素レーザーで種々の色素を使えば近紫外から可視, 近赤外までの波長を出せる. しかし, 望む波長に変換する方法もある. それは「非線形光学」を用いる方法である. これの基本となっている 2 倍波の発生の原理を以下に説明する.

光の波は $\cos(\omega t)$ で書けるとしよう．これを BBO（$Ba_2B_2O_4$）とよばれる結晶に入れる．物質の中の電子はゆすられる．これは分極とよばれる．光が弱いと何も起こらないが，強いとたとえば図 3.23 では上向きにひずんだ分極をし，小さく振れると考える．このひずみがレーザー光に影響を及ぼし，一部，2 倍の振動数（2 倍波）をもつ波および直流の成分が現れる．入射レーザー光のエネルギーの半分近くまで 2 倍波に変換できることもある．

三角関数の倍角の公式でもその様子を表すことができる．波が重なると，2 倍で振動する成分と定数の成分が現れる．

$$E = E_0 \cos \omega t, \quad \omega = 2\pi\nu$$
$$E^2 = E_0^2 \cos^2 \omega t = E_0^2 \frac{1+\cos 2\omega t}{2} \tag{3.9}$$

物質の中の電子の応答にひずみが出るほど（図 3.23），光が重なるほど，(3.9) 式では E が大きいことがまず必要である．ひずみは片方により大きく出る必要がある．等方媒質の液体，NaCl，ダイヤモンドではこのようなことは無視できる．多くの物質は非等方（反転対称を欠く）であるし，表面も反転対称を欠くので 2 倍波の

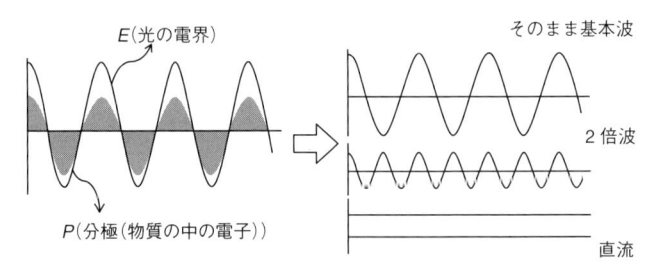

図 3.23 2 倍波への変換

物質の中で分極にひずみが出るほど強い光を入れると，出てきた光に 2 倍波が含まれる．

光は表面からも出てくる．レーザー光を当てるとあらゆるところから2倍波が出てきそうである．実用に際しては性能のよいいくつかの結晶が生き残って使われる．$\omega = 2\pi\nu = \frac{2\pi}{h} \times h\nu \propto h\nu$ で，$h\nu$ はエネルギーであるから，$\omega + \omega = 2\omega$ で見ると，2倍波発生ではエネルギー保存則が成り立っている．2倍波の発生にはもう一つの条件がある．これは「位相整合」で，結晶の角度を調整する．こちらのほうは運動量の保存と見ることができる．光は $\cos(\omega t - kx)$ とも表せ，位相整合は $k_{2\omega} = 2k_\omega$ である．de Broglie（ド・ブローイ）の運動量の式は $p = \frac{h}{\lambda}$ であった．$k = \frac{2\pi n}{\lambda} \propto p$ となり（ここで n は屈折率），位相整合は運動量の保存に関係している．

さて，物質中の電子の動きのひずみ，ということなので，π電子を有する有機化合物でこのような現象は大きいに違いない．電子が非局在化していれば，その動きは大きいと直感できる．実際そのとおりで，たとえば2-メチルニトロアニリン（NMA）ではBBOに比べ，関連した変換係数は4,000倍大きい．それではなぜ，使われないのか？ 柔らかくて，表面を磨けないことが一つの理由である．ただ，2倍波発生の現象を通じて表面診断，触媒機能を研究する方法では，有機分子の2倍波発生への大きな係数が役に立っている．

エネルギー保存のところを取り出して，準位図で模式的に図3.24に示した．$\omega_3 = \omega_1 + \omega_2$ が成立すれば，どのような組合せでもよく，逆もある．逆の過程，短い波長の光子から，長い波長をもつ2つの光子に変換することも可能であり，これはパラメトリック発振とよばれる．これらを組み合わせ，紫外から近赤外（0.2〜2.4 μm）領域で波長可変なレーザーとして市販され，広く利用されている．

3.8.2　誘導 Raman（ラマン）散乱

光は波であるから粒子（分子）に当たると一部散乱される．その

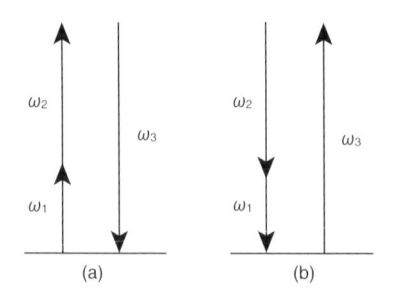

図 3.24 レーザーの波長変換
(a) $\omega_1+\omega_2=\omega_3$ で $\omega_1=\omega_2$ であれば2倍波発生.
(b) 逆過程はパラメトリック発振とよばれる.

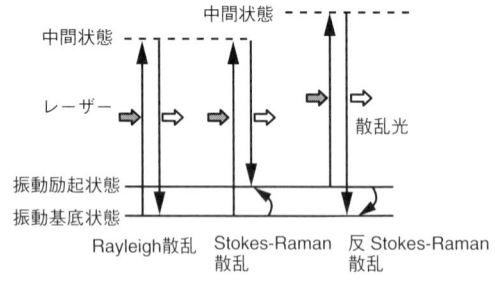

図 3.25 Rayleigh 散乱，誘導 Raman 散乱のエネルギー図

まま波長を変えず散乱される Rayleigh 散乱，分子の振動が励起される Stokes-Raman（ストークス-ラマン）散乱，分子の振動励起状態から基底状態への変化を伴う，反 Stokes-Raman 散乱がある（図 3.25）.

弱い光では自然散乱のみであるが，強いレーザー光を入射すると誘導 Raman 散乱が起こり，Raman レーザーともよばれる．非線形光学から見れば3次の非線形光学である．分子は Boltzmann 分布をしていて基底状態に主に分布しているから，誘導 Stokes-Raman

表 3.2 非線形屈折率とこれに関連した現象

現象	説明,その利用	強度の目安
Kerr レンズ	Kerr レンズでレーザーが収束(自己収束) フェムト秒発生のシャッター ピコ秒のシャッター	$GW\,cm^{-2}$
レーザー光の乱れ	波面が乱れ,強度の不均一を誘発 レーザー増幅の限界の一つ	$100\,GW\,cm^{-2}$ 長さ 1 cm あたり
白色光	赤外のフェムト秒パルスから,近紫外から 近赤外にわたる光に変換 ピコ・フェムト秒ホトリシスのスペクトル 光源	$10,000\,GW\,cm^{-2}$ 長さ 1 cm あたり

散乱は振動励起の手段に使える.もっとも,自然 Raman 散乱の効率(確率)は低いので,分子の振動励起の手段としてはまったく有効ではない.最近,誘導 Raman 散乱で分子の振動を励起し,熱的反応を誘起した研究が報告されたので最先端研究 1 に紹介する.

3.8.3 白色レーザー

非線形屈折率は凸レンズの効果を誘起でき,これがフェムト秒発生のときに決定的役割,シャッターを演じることは 3.5.1 項で述べた.さらに,化学でとくに重宝して使われているのは白色光であろう.これは白色レーザーともよばれ,指向性があり,パルス幅は励起光とほぼ同じだから,反応中間体の分光測定のためのスペクトル光源としてきわめて強力である.

表 3.2 に示す 2 番目の効果は,大出力のレーザーではこれが実は最も厄介で,レーザー光自身でレーザー媒体が壊れる原因となり,実質上の大出力の限界になる.凸レンズの効果によって波面がひずみビームが集光されるが,そのまえに,強度の凸凹が激しくなることによって強度が強くなった場所では光学素子が壊れてしまう.

レーザーは道具であるから本来気にかけることもないが，光学素子が壊れる原因の一つを知っておくとどこかで役に立つかもしれない．

　媒体（水，アルコール，空気，アルゴンガスなど）に強度の高い赤外フェムト秒レーザーを集光照射すると，レーザー光が自然に集光（自己収束）し，後ろに白い紙を置いておくと変換された白色光を見ることができる．異なる色の環が見えることがある（口絵1）．白色光は化学反応を追跡するためのきわめて便利なスペクトル光である．ポンプ-プローブ法のプローブ光として使えば，可視

最先端研究 1

熱反応過程の直接観測と機構解明

　従来，反応遷移状態はいかなる実験手法を用いても直接観測することは不可能であると考えられてきたが，近年開発された超短パルスはそれを可能にした．2002 年に開発された可視光 5 fs パルスを用い，分子構造が遷移状態を経由して時々刻々と変化する様子を，瞬時，瞬時の分子振動を観測することで実験的に解明した．

　有機化合物の多くは紫外部に吸収を有しており，525〜725 nm の広帯域 5 fs パルス照射により誘導 Raman 過程を通して電子基底状態の分子振動を励起できる．このパルスは 7,500 K の熱励起と同程度の振動励起ができ，他モードへの緩和や移動などにより，反応座標に沿った振動モードが活性化される．その結果，光照射により電子状態が励起される光反応とは異なる「電子基底状態における反応」が駆動できる．

　この手法を用いて，Claisen（クライゼン）転位過程を直接観測し，反応機構を解析した．その結果，最初に C−O 結合が弱まりビスアリル型中間体が生成し，その後弱い C−C 結合が生成することで芳香族性を有する 6 員環構造となり，さらに C−O 結合開裂と C−C 結合生成が同時に進行することでカルボ

部の中間体のスペクトルを一挙に測定することができる．このような現象や使い方の提案は1970年代初めにあり，ピコ・フェムト秒化学が大きく発展するきっかけとなった．白色光発生の原因は非線形屈折率のためである．自分で集光し，ついには媒体を光イオン化する．その領域の屈折率が小さくなり，レーザービームは逆に発散しようとし，バランスして細い光ファイバーのような状態になる（フィラメントという）．そのような状況ではスペクトルが変化してついには白色光に至る．（本来，白色変換の原因は非線形屈折率であるから，ファイバーなどではイオン化せずに白色に変換され

ニル化合物が生成する．といった3段階反応で「電子基底状態におけるClaisen転位」が進行することが明らかになった．

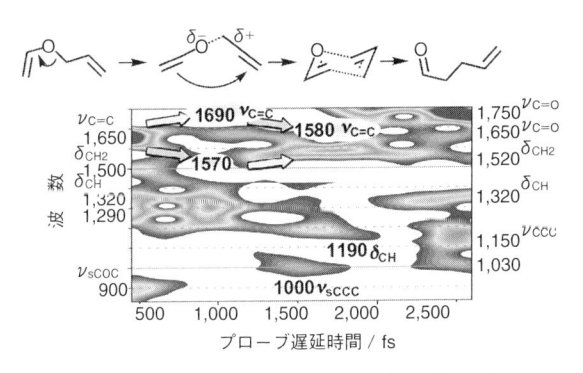

誘導Raman散乱で，振動励起，Claisen転位過程を観測

（広島大学大学院理学研究科　岩倉いずみ）[7]

る.)なお,非線形屈折率は3次の非線形効果である.白色光は短パルス(＜10 fs)を発生させるためにも使える.アルゴンガス中に集光すると,スペクトル幅を100 nm以上に広げることができる.その後,チャープミラー(赤い光は鏡の奥で反射,青い光は鏡の表面で反射)で圧縮して短パルス(＜10 fs)に変換できる.

3.9 目の安全

レーザーを使う場合,それぞれのレーザーに適合した保護眼鏡をかけて実験する.とくに注意が必要なレーザーは3.3節で紹介したNd^{3+}レーザー(1.06 μm),Ti:サファイヤレーザー(0.8 μm)である.これらの近赤外光は見えないか,かすかに見える程度だが,網膜には達する.レーザー光の存在に気づくことなく,レーザービームの調整をしているうちに眼に入れてしまう,などの危険を伴う.ひどく傷ついた網膜は治らないという.

第4章

高強度レーザーの化学

4.1 歴 史

4.1.1 短パルス化の歴史

短いパルスは光の高強度化に直接関係している．(3.5) 式で見たように同じエネルギーならば，短い時間に集中すれば，高い強度にできる．図 4.1 には短パルス発生，瞬間を見る記録の大まかな歴史を示した．写真とレーザーは，技術革新が発展を促した例として知

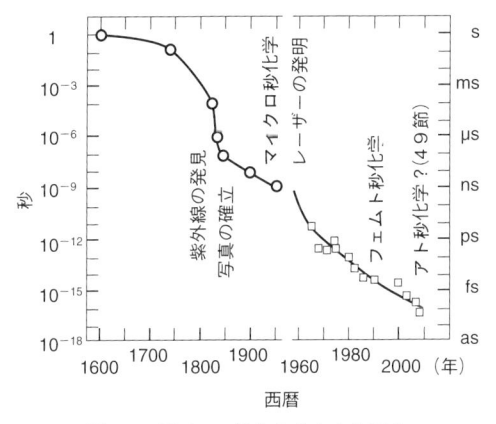

図 4.1 短パルス発生の大まかな歴史

られている．1600年ころ，時間分解能は目の瞬きの時間の0.2s程度であった．大躍進は写真の技術の確立によりもたらされた．1801年ドイツのRitterが銀の塩化物が光に反応することを見いだし，紫の外側に目に見えない光である紫外線を発見した．この反応が写真技術に発展し，それは1840年ころに確立された．それに伴い「瞬間を見る」ことがそれまでの数桁短い時間まで可能となった．化学反応を時々刻々と追跡する，あるいは寿命の短い反応中間

コラム7

原子核と電子の間にはたらく電場に匹敵する光強度

水素原子1s軌道の場合を考えてみよう．

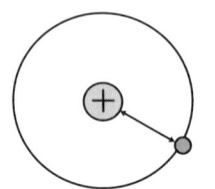

$$F = \frac{q^2}{4\pi\varepsilon_0 r^2} = qE_B \ [\text{N}]$$

水素原子における Coulomb 力

水素原子1s軌道におけるCoulombの法則の式に物理定数を代入して，電場 E_B を求めよう．ここで，$r = 5.29 \times 10^{-11}$ m，$q = 1.602 \times 10^{-19}$ C，$\varepsilon_0 = 8.85 \times 10^{-12}$ C^2 N^{-1} m^{-2} であるとすると，$E_B = 5.13 \times 10^{11}$ N C^{-1} または V m^{-1}，すなわち，51億 V cm^{-1} を得る．光強度 I と電場 E_B の関係式（次式）に代入すると，光強度 $I = 3.5 \times 10^{16}$ W cm^{-2}（=35 PW cm^{-2}，P（ペタ）は 10^{15}）を得る．

$$I = \frac{\varepsilon_0 c E_B^2}{2} \ [\text{W cm}^{-2}], \quad \text{または，} \quad E \ [\text{V cm}^{-1}] = 27.5 \times \sqrt{I \ [\text{W cm}^{-2}]}$$

体を見るという考え方をPorterがマイクロ秒の時間分解能で達成した．レーザーが出てくる10年以上前の1949年のことであり，1967年にノーベル化学賞を獲得している．1960年にレーザーが発明されてからの進展はすざましい．図4.1で1960年以降の時間軸をそれ以前の5倍にしているが，発展の傾きはレーザーが発明される前の100年間と同じように見える．5倍のスピードで時間分解能が上がっている（より短い時間が見える）．1999年にはZewailに「フェムト秒化学」でノーベル化学賞が授けられた．フェムト秒まで実時間で化学反応をスローモーションのように見ることができるようになり，反応の理解が深まった．アト秒（as, 10^{-18} s）単位で表される80 asの光パルスが報告されるに至り，アト秒科学の分野が広がりつつある（最先端研究2, 6, 10, 11）．アト秒の化学への展開が期待されている（4.9節）．

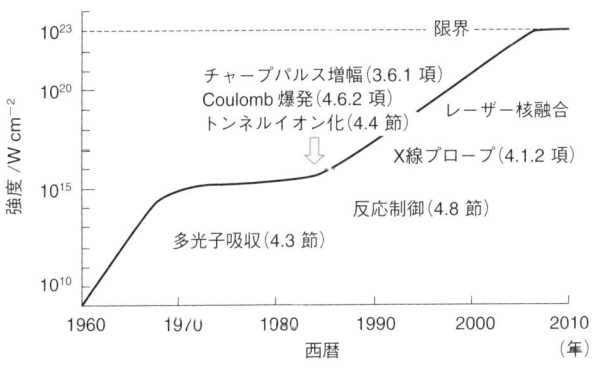

図4.2 レーザーの集光強度の記録，歴史

4.1.2 高強度化の歴史

レーザーが1960年に発明されて以来,集光強度は急速に高くなった.それを図4.2に示す.1970年ころからしばらくは頭打ちになったが,1985年に新しい技術が導入された.この技術はチャープパルス増幅という方法で,3.6.1項で紹介した.レーザー

最先端研究2

強光子場科学——レーザー光が拓いた新フロンティア

光の電場強度を,原子内や分子内のCoulomb電場の大きさと同じ程度にまで高めると,原子や分子は,その強光子場のなかで光と混ざり合い,その結果として,さまざまな新しい現象を引き起こす(右図参照).たとえば,きわめて短い時間内に分子の骨格構造が変形する現象や,炭化水素系の分子の分子内を水素原子が超高速で動き回る水素マイグレーションという現象を例として挙げることができる(最先端研究6参照).また,光パルスの強度や波形を変化させれば,強光子場中の原子のイオン化過程や分子の解離過程に大きな影響を与えることができる.このことは,光によって原子や分子の動的挙動を制御できることを示している.実際,エタノールなどの基本的な分子については,強光子場のパルス形状を制御することによって,分子内の特定の化学結合の切断を促進できることが示されるようになった.

一方,光と物質が強く結合した状態は,「新たな別の光」を生じさせることができることもわかってきた.すなわち,強光子場と原子や分子との相互作用を通じて,高次高調波を発生させると,それが軟X線領域の波長をもち,パルス幅がアト秒領域(1アト秒=10^{-18} s)に達する光パルスとなることが明らかとなった.人類が到達できる最短の時間幅をもつ光,すなわちアト秒領域の光パルスの発生が,現実のものとなった.実は,フェムト秒サイエンスからアト秒サイエンスへの橋渡しは,強光子場科学によって達成されたのである.

また,固体ターゲットと強光子場の相互作用によって,固体表面から高エネルギーの電子やイオン種が放出される.これらの量子放出現象は新たなタイプ

光はできるだけ短いパルスを用い,理想的に集光するが,レーザー光を放出する材料がレーザー光自身で壊れるところで光強度の限界となる.今後多方面で改良されると思われ,図4.2の「限界」は上方にシフトするだろう.

この技術革新に伴い,「強光子場科学」とよばれる分野が展開さ

の電子ビーム源,イオンビーム源に利用できるものとして期待されている.さらに,電子を強光子場によって加速することも可能となっており,強光子場を利用して,サイズのきわめて小さい加速器をつくることができると考えられている.

今,「強い光」が新しい科学を開拓している.そして,この強光子場科学の展開は,従来の物理学の枠,化学の枠,レーザー工学の枠を超えた学際的な学術交流によって支えられている.そのフロンティアで,今,多くの日本の研究グループが中核的な役割を演じているのである.

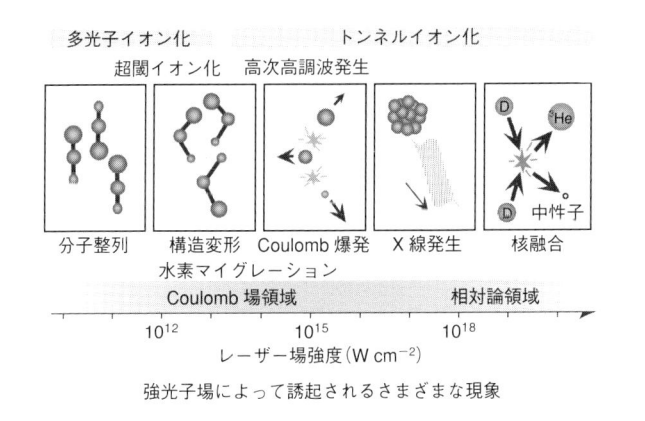

多光子イオン化　　トンネルイオン化
超閾イオン化　　高次高調波発生

分子整列　構造変形　Coulomb爆発　X線発生　核融合
　　　　水素マイグレーション

Coulomb 場領域　　　　　　相対論領域

10^{12}　　　　10^{15}　　　　10^{18}
レーザー場強度(W cm^{-2})

強光子場によって誘起されるさまざまな現象

(東京大学大学院理学系研究科　山内 薫)[8, 9]

れ始めた [8,9]．そのなかの化学に関係した分野を，ここでは「高強度レーザー化学」としている．いくつかの重要な発見がなされた．すなわち，通常のイオン化とは異なり，原子分子のポテンシャルが光の電場によりゆがめられた結果起こるトンネルイオン化が発表された（4.4, 4.5節）．分子は多価のイオンになり，結果Coulomb爆発（4.6節）が起こることが報告された．これらのイオン化

最先端研究 3

レーザーを集光照射して水溶液からパルスX線を発生させる！

太陽光を虫眼鏡で黒い紙に集光すると，煙を上げ始め燃えることを観察した読者もいるだろう．同様の「実験」をある一定強度以上のレーザーパルスに替えて行うと，物質飛散（アブレーション）やプラズマ生成，白色光発生，高次高調波発生といった現象を容易に誘起することができる．さらにレーザー光強度を増強すると，近赤外光のフェムト秒レーザーパルスを 10^3～10^4 倍の光子エネルギーを有するX線に変換することが可能となる．従来の研究の多くは金属固体にフェムト秒レーザーパルスを照射してX線パルスを発生させていたが，塩化セシウムなどの水溶液や金属ナノコロイド溶液からもX線が観測される．こうした現象はその機構そのものが強光子場科学として，また，各種時間分解測定への新たなパルスX線光源として興味深い．試料表面の構造や照射するレーザーパルスの波形に応じてX線強度や発光スペクトルが大きく変化することが知られている　照射するレーザーパルスの波形からパルス幅内の機構を明らかにし，X線発生に最適なパルス波形を探索することは，今後の更なる強光子場科学の進展に資すると考えられる（口絵2）．

（東京大学大学院理学系研究科　畑中耕治）[10]

に必要な照射レーザー強度より 1/10 以下の弱いレーザー強度で起きる多光子吸収（4.3 節），反応制御（4.8 節）も紹介する．イオン化に関連した現象として，アト秒の化学（4.9 節）が発展している．高強度レーザーを表面に照射すると電子，イオンのほか，X 線，中性子（レーザー核融合）まで放出されることが知られている．これらのうちの一部（表面加工，X 線を利用した診断）を紹介する（4.7 節）．

■問題 4.1　コラム 7 で水素原子核と電子の間にはたらく電場は 51 億 V cm^{-1}，匹敵する光強度が 35 PW cm^{-2} になることを，定数を入れて確かめよ．

4.2　レーザー強度の測定の実際

光強度 I は (3.5) 式で示したように $I = \dfrac{E}{s \cdot \Delta t}$ である．エネルギー E は Joule（ジュール）メーターという測定器で直接測定できる．Joule メーターはレーザーのエネルギーを熱に変換し，その熱エネルギーを熱電素子で電圧に変換して表示する．表示器の数値を読み取ればよい．パルス幅 Δt は，光路差（1 ps で 0.3 mm）と高調波変換を組み合わせ，5 fs までなら市販の測定器がある．面積 s はレーザーの集光された像を実測すればよい．光強度の大体の値がわかればよいのであれば，この方法でもよい．さらに詳しく調べておきたい場合には注意が必要である．すべてのエネルギーがパルスに集中しているのではなく，わずかではあるがパルスとパルスの間にもエネルギーはあり，ゼロではない．

仮にレーザー光が図 4.3 に示すようなパルス構造をもっているとしよう．30 fs パルスが 12 ns ごとに現れる．一般に，超短パルス

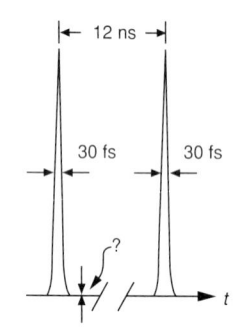

図 4.3　超短パルスのエネルギー
？で示したパルスとパルスの間の光強度レベルがピークの 10^{-6} の場合，パルスに集中しているエネルギーの割合は約 6 割．

の発振器からこのようなパルス列が得られる．パルス間で，パルスとパルスの間の光強度がピークの 10^{-6} であったとする．パルスに集中しているエネルギーは 56% と計算できる．10^{-6} のレベルを測定することは簡単ではない．また，レーザーパルスは空間的にも集中しており，真ん中に強度の高い山をもつだろう．

　そこで，簡便な方法は一度決められた強度を参考にし，それを基準にすることである（図 4.4）．キセノン（Xe）のイオン化とレーザー照射強度との関係は詳しく研究されている．イオンの量を測定し，横軸にレーザー強度の対数をとる．漸近直線が引けて，飽和強度 I_{sat} が水平軸との交点として求められる（その強度は 1.1×10^{14} W cm^{-2} である）．同時進行で実験をすれば（たとえば，アミンのイオン化）その実験を行った際の強度が求められる（図 4.4 の白丸）．飽和強度 I_{sat} は，ここでは Xe 原子とアミンが照射体積中で約 95% イオン化されるレーザー強度である．すなわち，図 4.4 の直線を引けるレーザー強度領域ではイオン化が 100% 起こっていることを

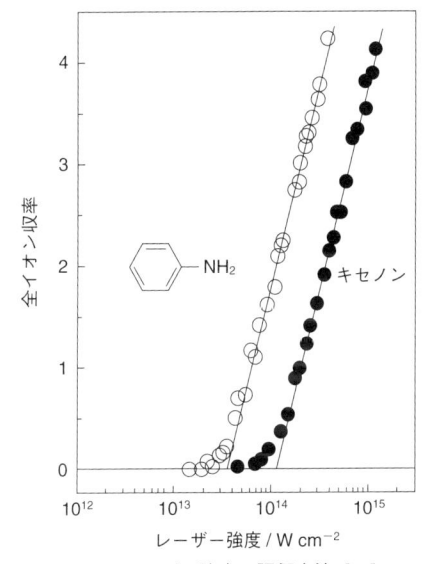

図 4.4 レーザー強度の評価方法 [11]
キセノンのイオンの量を同時に測定.水平軸との交点 I_{sat} とよばれる強度は 1.1 $\times 10^{14}$ W cm^{-2}.

示している.

4.3 多光子吸収

3.7 節で解説したように,高い光強度(レーザーパルス 1 発あたり,単位時間あたりのエネルギー)を達成できることがパルスレーザーの特徴である.高強度パルスレーザーを用いると,1 つの原子あるいは分子に 2 つ以上の光子が同時に吸収されることが知られている.これを同時多光子吸収といい,その結果起こる現象は非線形現象の一種である.普通のランプで同時多光子吸収を起こすのは

きわめて困難であることは容易に予想できる．同時吸収というのだから，原子や分子を複数の光子が同時に透過していると予想できる．ベンゼン（直径 5.3×10^{-10} m）に 10^{11} W cm^{-2}（0.1 TW cm^{-2}）のレーザーを照射すると，計算上，1波長（2.7 fs, 800 nm）の時間に2, 3個の光子が平均的に重なって透過することになる．確かに複数の光子の同時吸収が起こってもよい．1960年のレーザーの誕生により堰を切ったように次々と非線形現象が発見されることになった．しかし2, 3, 4と必要な光子数が増えるに従って同時多光子過程は起こりにくくなる．一例として波長 1.06 μm のレーザーを用いてさまざまな原子を同時多光子吸収によりイオン化させた結果を図 4.5 に示す．横軸の n はイオン化に必要な光子数であり，セシウム（Cs）をイオン化するには4個，ヘリウム（He）では22個必要である．縦軸の n 光子イオン化断面積は同時 n 光子吸収の場合のイオン化のしやすさを表している．n が1大きくなると断面積はおよそ35桁小さくなることから，$n+1$ 光子吸収は n 光子吸収に比べて極端に起こりにくく，より大きいレーザー強度が必要となることがわかる．同時多光子吸収を起こすにはレーザーを用いるの

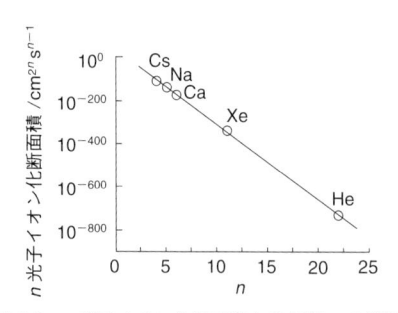

図 4.5 n 光子イオン化断面積と光子数 n の関係
1.06 μm のレーザーを用いた場合．[12] のデータをプロット．

が一般的である．しかし，表面プラズモンによる光の増強効果を用いることで，通常の光源でも2光子吸収が起こることが報告され，注目されている [13]．

　生物や医学の世界では蛍光（2.4.3 項で解説）を利用した分子の観測が盛んになっている．現在広く使われている緑色蛍光タンパク質を発見した下村 脩は 2008 年のノーベル化学賞を受賞した．蛍光分子を励起して光らせるには外からエネルギーを与えることが必要であるが，通常は光を用いる（2.4.3 項参照）．とくにレーザーを用いた顕微鏡をレーザー蛍光顕微鏡とよぶ．光を極限まで絞り込めるのはレーザーの特徴の一つであるが，3.7 節で解説したように，どれだけ狭い面積（焦点直径，直径方向）に光を集められるかは光の波長によって決まっている．この限界は2色を利用した超解像顕微鏡や，近接場顕微鏡などの開発によりある程度突破された．一方，試料の表面からどれだけ深い場所が観測できるかもきわめて重要である．図 3.22 はレーザー光をレンズで集光した場合の直径の変化を，光の進行方向と直交方向から図示したものである．図 3.22

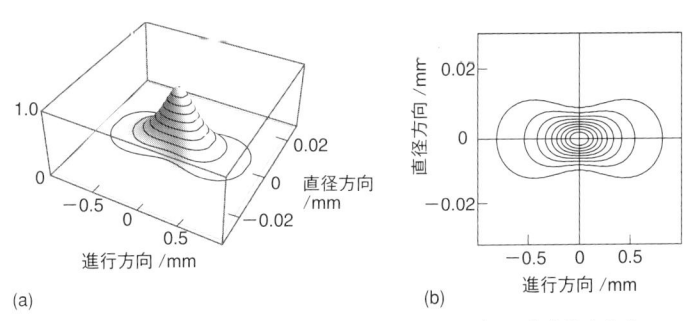

図 4.6　直径方向および進行方向におけるレーザーの集光強度分布
　　　　（a）三次元等高線図．（b）二次元等高線図．

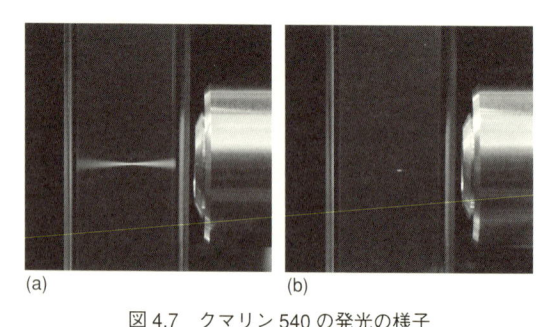

図 4.7 クマリン 540 の発光の様子
(a) 一光子吸収（400 nm 励起），(b) 二光子吸収（800 nm 励起）．

をよく見ると，レーザー光は集光しても進行方向には 1 点に集まらず，焦点付近では一定の径の部分がある長さ続くことがわかる．その後，レーザー光は広がっていく．つまり，レーザー光の集光直径を限界まで小さくできても，レーザーの進行方向に関しては 1 点に絞ることができない．図 4.6 には焦点付近の光強度分布の例を示した．この場合，光強度が最大値の半分以上の範囲は直径方向で 0.017 mm，そして進行方向では 0.57 mm となっており，進行方向のほうが 33 倍広い範囲にわたっている．

一光子吸収の場合は，物質表面から光強度に応じて吸収が起こるため光を吸収した分子は光の進行方向へ広く分布する．結果として蛍光は物質全体から生じる．図 4.7 に右側からレーザー光をレンズで集光して一光子吸収，そして二光子吸収により蛍光分子を光らせた様子を示した．一光子吸収では試料表面から光が透過する領域全体にわたって発光している．図 3.22 で模式的に示したレーザーの集光される様子（一定の径がある長さ続く）が蛍光で観測できている．図 4.7 から明らかなように，焦点とそれ以外のコントラストは悪い．そのため実際の顕微鏡では共焦点配置とよばれる構成にして

コントラストを上げている.一方,二光子吸収では光強度の大きい部分しか吸収が起こらないため試料の1点のみが発光しており,光の直径方向だけではなく,進行方向にも光を集中させることができていることがわかる.二光子吸収では焦点とそれ以外の部分のコントラストも格段によい.図4.7では異なる波長で一光子と二光子吸収の違いを観測したが,レーザーの光強度の直径方向の分布を積極的に利用すれば,単一の波長・ビームであっても光強度の最も大きい場所で$n+1$光子反応,そして強度の小さい部分でn光子反応を起こすことができる(最先端研究4).

さらに高次の多光子吸収過程で蛍光を観測しようとする場合は,より長い波長の光を用いる必要がある.分子振動に由来する吸収を避けるために2 μmより短い波長を用いなければならないため,有機化合物の場合は7〜8光子吸収まで可能である [14].

4.4　高強度レーザーによるイオン化,Corkum(コーカム)スリーステップモデル

イオンの検出感度はきわめて高く,イオン1個が検出器に入れば,原理的には信号を観測できる.したがって種々の高感度分析に使われている.以下に光イオン化の機構を示す.

図4.8でI_pはイオン化ポテンシャルである.直接イオン化は$I_p < h\nu$,たとえば,ベンゼンのイオン化ポテンシャルは9.25 eVであるので,波長134 nm以下の真空紫外(VUV)光を照射すればイオン化できる.図4.8bの共鳴多光子イオン化(REMPI)では267 nmなどの紫外光2光子でベンゼンイオンを発生させることができる.ここで共鳴とはレーザー光を電子エネルギー準位間のエネルギー差に合わせた光(波長)で照射した場合である.非共鳴とは図4.8c

図 4.8 光イオン化の機構

(a) 直接イオン化　(b) 共鳴多光子イオン化 REMPI　(c) 非共鳴多光子イオン化 NREMPI

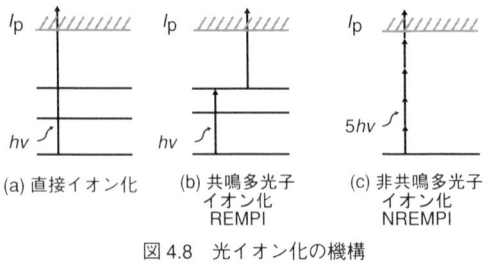

$<10^{12}$ W cm^{-2}（TW）の領域.

に示すようにエネルギー準位に合わない光でイオン化する場合である．前述（4.3節）の多光子同時励起では原子・分子は励起状態を生成したが，イオンを生成した場合には非共鳴多光子イオン化

最先端研究 4

一波長多光子吸収を用いたフォトクロミズム

　可逆的光異性化反応であるフォトクロミック反応は，光照射により物質の吸収波長，双極子モーメント，イオン化エネルギー，結晶構造などの諸物性を迅速に変化でき，光記録，光アクチュエーターなどへの応用的観点からも多くの注目を集めている．一般に可逆的に光反応を進行させるためには複数の異なる波長の光源が必要となる．しかしフェムト秒 Cr：フォルステライトレーザーを光源とするレーザー顕微鏡（中心波長：1,280 nm，対物レンズ透過後のパルス幅 35 fs，≪nJ pulse^{-1}）によりフォトクロミック分子を照射した場合　光強度を変化させることによって一波長で非共鳴二光子吸収による閉環反応（着色）および非共鳴二光子開環反応（脱色）を可逆的に進行させることができる．高次多光子吸収を利用すれば複数の光源を必要としないので，フォトクロミック反応に対する光源や光学系の簡略化にも寄与するとともに右図の左に示すようにレーザーの空間プロファイルを利用した微小領域のマスクレスパター

(NREMPI) とよぶ. この現象はレーザー強度がある程度大きい場合に見られ, その強度は 10^{12} W cm^{-2} (TW cm^{-2}) に近い領域である.

レーザー強度が $10^{13\sim15}$ W cm^{-2} (10 TW〜PW cm^{-2}) の領域ではレーザーの電場により, Coulomb ポテンシャルがゆがめられたモデル (図 4.9) が用いられる. レーザー強度が強い場合, 原子, 分子の Coulomb ポテンシャルはレーザー電場によりゆがめられる. その結果イオン化する場合の機構は Corkum のスリーステップモデルともよばれており, 高強度レーザー場での原子, 分子応答の基本である. 以下 (1)〜(3) で Corkum のスリーステップモデルを説明する.

(1) Coulomb ポテンシャルは光の電場によってゆがめられ, つ

ン形成への応用も可能である.

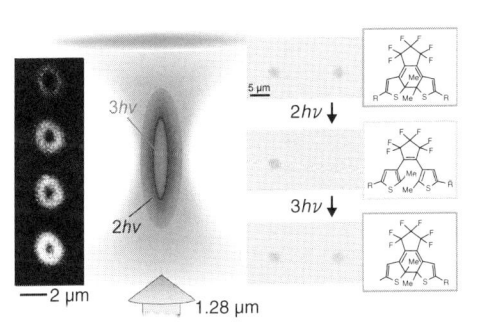

一波長多光子吸収を用いたフォトクロミズム
二光子吸収と三光子吸収で異なった反応を誘起できる.

(大阪大学大学院基礎工学研究科　宮坂 博) [15]

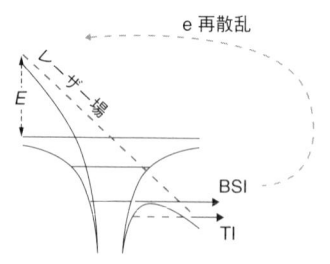

図 4.9 $10^{13\sim15}$ W cm^{-2}（10 TW―PW cm^{-2}）レーザー光の下でのイオン化

いには一方の山がI_pに近くなる．山の高さがI_pと同じかそれ以下の場合に BSI（障壁越イオン化）が起こる．山の高さがI_pよりも高

コラム 8

電子放出（イオン化）とその衝突の軌跡

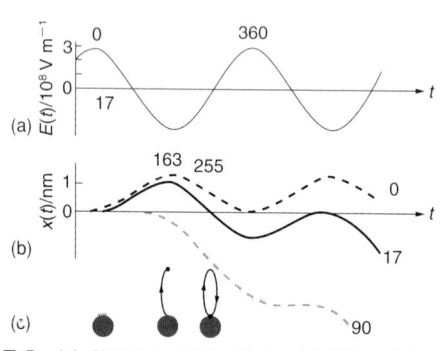

(a) 光の電場，(b) 放出された電子の軌跡，(c) 電子の放出と衝突のイメージ

くてもイオン化でき，TI（トンネルイオン化）とよばれている．光は交番電界であり，800 nm の場合 1.3 fs ごとに＋，－が変化する．TI では逆向きの電界がかかる前に電子は飛び出す必要がある．このような，光電場によるイオン化が起こる光強度は 800 nm，有機分子（I_p 6〜10 eV）に当てはめると $10^{13〜14}$ W cm^{-2} 程度である．BSI が起こる場合の光強度は古典的な手法で求めることができる．ベンゼン（I_p 9.25 eV）の場合 $3×10^{13}$ W cm^{-2} である．すなわち，この程度以上のレーザー強度でベンゼンを励起すると 100% イオン化する．

(2) 飛び出した電子はレーザー光からエネルギーを得る．

(3) もとの分子はプラスになっているから，電子を引き付ける

電子放出（イオン化）と親イオンとの再衝突のイメージを左図に示した．光の電場は $E(t)=E_0 \cos(\omega t)$ で振動しているものとする．電子は当然そのピークで最も効率よく放出されるであろう．その軌跡は下に $x(t)$ で示しているように，光の電場により引き戻され，360° のときにちょうどもとに帰るが衝突エネルギーは 0 と予想される．しかし，17° のときに放出された電子は 255° でもとの分子（＋イオン）に衝突する．これは 800 nm パルスの場合，電子放出後 1.8 fs 後に相当する．90° のタイミングで電子は放出されないが，仮に出たとした場合はどんどん外れ衝突はない．衝突の際の衝突エネルギーは 800 nm，10^{14} W cm^{-2} の場合最大 19 eV に達し，電子はおよそ 1 nm，大きい分子のサイズ程度離れる．衝突したときに分子（あるいは原子）は（イオン化＋衝突）のエネルギーをもつことになり，これの一部が真空紫外光（高次高調波）に変換される．飛び出した電子はほぼ自由電子と見なすことができ，電場からエネルギーを得る．そのときのエネルギーはポンデロモーティブポテンシャルとよばれている．このエネルギーは Corkum スリーステップモデルの基礎パラメーターになっている（問題 4.2 参照）．

Coulomb 力がはたらき,加速された電子と親分子イオンは激しく衝突する場合がある.効率は高くはないものの,衝突したときにさらにイオン化するかもしれないし,一部の光は高次高調波とよばれる真空紫外光に変換される.800 nm のレーザー光の場合 3ω (266 nm) から始まって,5ω,7ω……101ω (8 nm) それ以上の高次の高調波が報告されている.高次高調波発生はアト秒サイエンスの本質的な部分である (4.9 節参照).

■**問題 4.2** ポンデロモーティブポテンシャル (U_p) の計算を試みよ.電場 $E(t) = E_0 \cos(\omega t)$ のもとで電子 (電荷 e,質量 m) が獲得するエネルギーはレーザー波長 λ を μm,I_0 を W cm^{-2} 単位として次のようになる.
$$U_p = \frac{e^2 E_0^2}{4m\omega^2} = 9.34 \times 10^{-14} I_0 \lambda^2 \text{ [eV]}$$

4.5 有機分子のイオン化の実際

分子の分解反応は振動運動よりは遅いと考えられるから,フェムト秒パルスで有機分子をイオン化すると分解反応は抑えられると期待される.イオン化では電子が,分解では核が動く.電子はフェムト秒以下で動き,核が動くには 10〜50 fs の時間は必要である.レーザーがフェムト秒で分子をイオン化した直後にパルスが通り過ぎ去れば,分子は分解しないで分子イオンが生成するように思われた.実際,ベンゼンでは分解しないでイオン化できることがわかった (1995 年) [16].C_{60} では驚くべきことに C_{60}^+ だけでなく 12 価のイオン C_{60}^{12+} まで生成することがフェムト秒パルス励起で見いだされた [17].ナノ秒パルス励起では C_{60}^+ と分解した断片 C_{58}^+ などが多く見え,多価のイオンは見えない.さらに,波長も適当に選べば分子を壊さないでイオン化できることがわかってきている.

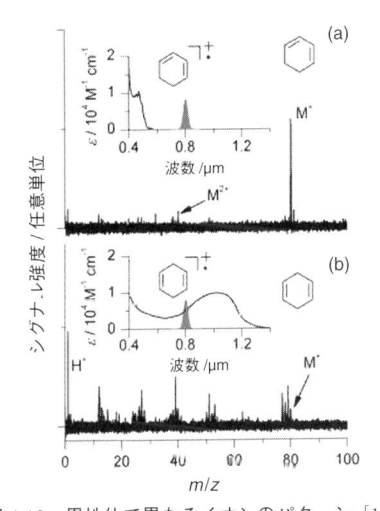

図 4.10 異性体で異なるイオンのパターン [18]
(a) 1,3-シクロヘキサジエン：M$^+$ が大きい．(b) 1,4-シクロヘキサジエン：M$^+$ の強度は小さく，分子は多くの分解物になっている（0.8 μm, 120 fs, 0.6×10^{14} W cm^{-2}）．挿入図はそれぞれのカチオンの吸収スペクトルと励起レーザー波長である．

1,3-シクロヘキサジエンでは 1 価のイオン（M$^+$）が主であった．図 4.10a に示すように，挿入図からこの分子はレーザー波長（0.8 μm）とそのイオンの吸収は重なっていない．一方，図 4.10b の 1,4-シクロヘキサジエンでは分子イオン（M$^+$）の強度は小さく，C$_n$H$_m^+$，水素，炭素イオンなど，分解したイオンが見える．この分子ではそのカチオンの吸収とレーザー波長（0.8 μm）が重なっている．分子イオンが励起波長に吸収をもたない場合，分子イオンの生成が主となるが，分子イオンの光吸収が励起波長と重なる場合，分解する．このことは励起波長を選べば，分子イオンを効率よく生成

できることを示している．分子イオンの生成は分析に有効である．

最先端研究 5

異方性トンネルイオン化による配向分子選択

　原子や分子が強いレーザー光によって非共鳴イオン化された場合，そのイオン化機構は多光子イオン化からトンネルイオン化へ移り変わる（このあたり，本文の説明参照）．束縛電子のポテンシャルが光電場でゆがむことによってその障壁が下がり，電子がポテンシャル障壁をトンネルすることによりイオン化が起こる．光電場振幅が最大付近となる時刻に電子が原子や分子から引き抜かれることが知られている．

　図に示すような非対称電場をもつレーザー光をつくり，分子をイオン化すると，光トンネルイオン化が空間異方性を伴って発現する．電子が分子の非対称な最外殻軌道（HOMO）からレーザー光の非対称光電場よって引き抜かれる場合，トンネルイオン化確率は分子配向によって異なる．その結果，ランダム配向の気体分子集団のなかから（頭と尻尾を区別した）配向分子だけが選択的にイオン化される．

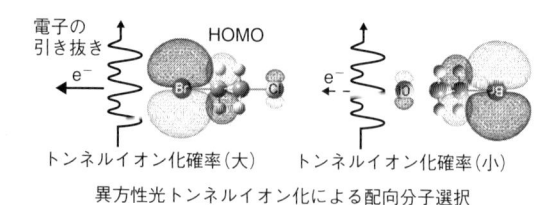

異方性光トンネルイオン化による配向分子選択

（産業技術総合研究所　大村英樹）[19]

4.6 Coulomb 爆発

4.6.1 多価イオン

化学反応ではさまざまな活性種が重要な役割を担っている（図4.11）．たとえば中性ラジカル（M·），カチオン（M$^+$），そしてアニオン（M$^-$）である．それぞれ表記のとおり中性，プラス，そしてマイナスの電荷をもっている．中性の分子（M，(4.1) 式では単純のためA−Bの2原子分子を例として示した）には通常，偶数個の電子があって2個ずつペアになって収まっている．結合が解離すると，ペアになっている電子を分け合うか，どちらかに偏るかによって中性ラジカルペアができたり（(4.1a) 式），カチオンとアニオンのペアができる（(4.1b) 式）．

$$(A-B) \longrightarrow A\cdot + B\cdot \qquad (4.1a)$$

$$(A-B) \longrightarrow A^+ + B^- \qquad (4.1b)$$

$$(A-B) \longrightarrow (A-B)\cdot^+ + e^- \qquad (4.1c)$$

$$(A-B) \longrightarrow (A-B)^{2+} + 2\,e^- \qquad (4.1d)$$

しかし，ほかにも類似した活性種が存在する．中性分子から単純に電子（e$^-$）を1個引き抜くと，電荷はプラスであるが電子が1個ペアになれずに余っている．そのためプラス（+）と電子（·）を両方表記してカチオンラジカル（M·$^+$）とよぶ（(4.1c) 式）．電子を2個引き抜くとジカチオン（M^{2+}）になる（(4.1d) 式）．ジカチオンからさらに電子を1個引き抜くとトリカチオンラジカル

$$M^- \quad M\cdot^- \quad M \quad M\cdot \quad M\cdot^+ \quad M^+ \quad M^{2+} \quad M\cdot^{3+} \quad M^{4+}$$

図 4.11 さまざまな活性種
中性分子を M と表記している．

($M\cdot^{3+}$) ができる．M^{2+} 以降は多価イオンとよばれる．原子単体では U^{92+} や Fe^{26+} のように，電子をすべて失って原子核だけの裸のイオンがつくり出されているが，今まで報告されているなかで C_{60}^{12+} が分子イオンとしては最も大きい価数である．1.8 μm の 70 fs パルス励起で生成し，理論的にも安定に存在しうることが証明されている．一方，C−H 結合が容易に解離するため，有機化合物の多価イオンは通常不安定である．しかし，大型の芳香族化合物ではトリフェニレンの 4＋イオンが知られている [20]．ごく最近，これまでで最小の分子（4 つの原子で構成）で 4＋イオンが観測された [21]．一般に多価イオンは不安定であるが，M^{2+} については 1930 年ころから電子衝撃イオン化質量分析法による研究がなされている．有機分子の 1 価イオンをつくるのに必要な第一イオン化エネルギーは 5.36 eV（テトラキス(ジメチルアミノ)エチレン）から 13 eV（カーボニックジフルオリド）の範囲である．2 価イオンを生成するのに必要なエネルギーは 1 価のそれに比べて約 2.7 倍であり（有機化合物や希ガスの場合），3 価では 5 倍以上である．そのため通常の電子衝撃イオン化法では 3 価以上のイオンの生成量はきわめて少ない．分子の多価イオンを生成するにはレーザーのもつ強い電場により電子を剥ぎ取る方法，他の手法としては，高エネルギー放射光を用いた光イオン化，ECR（electron cyclotron resonance）や EBIT（electron beam ion trap）で多価原子イオンをまず生成させ，これとの衝突による電荷移行を利用する方法がある．

多価イオンは極度の電子不足状態にあるだけでなく，異なる多重度の電子状態が複数存在する．$M\cdot^{+}$ のスピン多重度は二重項のみであるのに対し，M^{2+} では一重項および三重項が存在する．$M\cdot^{3+}$ では二および四重項である．そのため分光学的な違いをはじめとするさまざまな化学的，そして物理的性質が異なると予想される．しかし

ながら,通常のイオン化法では多価イオンの生成量が少なく,これらの性質はほとんど明らかにされていない.また,多重度の異なる近接した複数の電子状態が存在するため,理論計算も困難である.多価イオンはいまだに多くのことが手つかずの未知の分子であり,多価イオンの化学は実験的にも理論的にもこれからのフロンティアである.

■**問題** 4.3 M^{4+},$M \cdot^{5+}$においてスピン多重度の異なる状態はそれぞれいくつあるか

4.6.2 多価イオンの解離過程

イオンラジカル($M \cdot^+$など)では電子が奇数個存在し,解離する場合には一般にイオン化エネルギーの大きなフラグメントのほうに電子が残り,小さいフラグメントがプラスに帯電する((4.2a)式).フラグメントとは名のとおり,分子が中性の小分子,ラジカル,あるいはイオンとしてバラバラになった小片のことをいう.一方,偶数個の電子が存在するイオン(M^{2+}など)では不対電子が0あるいは2個存在する.そのため,奇数個の電子を有する2個のイオンラジカルに解離することが多い((4.2b)式).これを電荷分離(charge separation)とよぶ.多価の場合は電子が奇数個の場合でも電荷を等価,あるいは非等価に分けあって解離することが知られている((4.2c)式).

$$(A-B) \cdot^+ \longrightarrow A^+ + B \cdot \qquad (4.2a)$$
$$(A-B)^{2+} \longrightarrow A \cdot^+ + B \cdot^+ \qquad (4.2b)$$
$$(A-B) \cdot^{3+} \longrightarrow A^{2+} + B \cdot^+ \qquad (4.2c)$$

多価イオンはプラス電荷どうしの強いCoulomb反発相互作用に

より解離する．これをCoulomb爆発（Coulomb explosion）とよぶ．その際，Coulomb反発のエネルギーはフラグメントイオンの運動エネルギーとなる．ここで，多価イオンが2個のフラグメントイオンに解離する場合を考える．それぞれのフラグメントイオンの価数をq_1およびq_2とし，電荷間の距離をr（単位はÅ）とすると運動エネルギーE_k（単位はeV）は（4.3）式と書かれる．

$$E_k = 14.4\frac{q_1 q_2}{r} \tag{4.3}$$

それぞれのフラグメントイオンの質量に応じて運動エネルギーが分配されるため，軽いフラグメントイオンは運動エネルギーが大きくなる．

■問題4.4 中性状態における平衡核間距離の2倍の核間距離（0.127 nm）でHCl^{2+}イオンがH^+とCl^+に解離したときのCoulomb爆発エネルギーの総和，およびH^+が獲得する運動エネルギーを求めよ．Coulomb爆発エネルギーの総和は（4.3）式で求めることができる．ただし，塩素原子の質量数は35とせよ．運動エネルギーはフラグメントの質量の逆比で分配される．

1価イオンは多様な異性化状態を経て解離することが報告されている．2価イオンの場合でも，解離する前に異性化する十分な時間がある場合が多い．たとえばフェニルアセチレンの場合はプラス電荷の距離が大きく離れるよう直鎖状に異性化した後，CH_3^+が解離することが運動エネルギーの観測結果から推測されている（図4.12）．アセチレン（HCCH）の2価が生成すると90 fs以内に分子内で水素が移動していったんビニリデン構造（CCH_2）になってから，300 fs後にふたたびアセチレン構造に戻る分子内での水素回遊現象が報告されている[22]．また，レーザーの強い電場の影響を

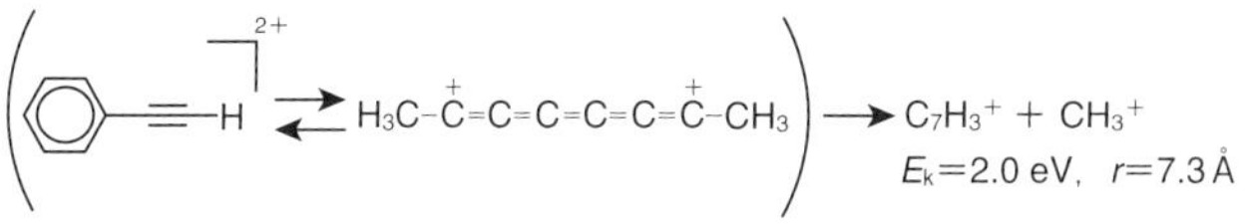

$$\left(\underset{}{\bigcirc\!\!-\!\!\equiv\!\!-H}\right)^{2+} \rightleftarrows H_3C-\overset{+}{C}=C=C=C=C=\overset{+}{C}-CH_3 \longrightarrow C_7H_3{}^+ + CH_3{}^+$$
$$E_k = 2.0 \text{ eV}, \quad r = 7.3 \text{ Å}$$

図 4.12 2価フェニルアセチレンの解離過程

受けて，分子内で複数の水素原子が協同的に，従来の常識を覆す超高速で動く水素マイグレーション現象が見いだされ，注目されている（最先端研究 6）．

一方，価数が大きくなると化学結合力より原子核間の Coulomb 反発相互作用のほうがはるかに大きくなり，多価イオンは瞬時に解離する．3価以上の多価イオンの解離過程はイオンが3つ以上に解離することがあり，複雑になる．3価以上の多価分子イオンを創り出す方法として，別途つくった多価の原子イオン（たとえば Ar^{12+}）との衝突による電荷移行を利用する方法と，レーザーの強い電場により電子を剥ぎ取る方法がある．多価原子イオンは極端な電子不足のため，分子と衝突すると瞬時に電子を奪い取る．そのため分子は中性の構造のまま多価イオンになる．一方，後者ではレーザーの強さが時間とともに大きくなるので，段階的にイオン化されて価数が大きくなる．そのため，低価数のイオンが生成した後，次の価数になるまでにイオンの構造が変化する時間的余裕がある．また，結合が伸長したほうがイオン化確率が大きくなり，中性状態の約2倍の距離で解離することが2原子分子を中心に多く報告されている．Zewail がノーベル賞を受賞したフェムト秒化学（第1章で解説）の実験では 100 fs 程度のパルスを用いていた．中性分子や励起状態の解離反応の観測には十分であったが，イオンの場合はさらに短い時間で結合の伸長が起こる．そのため，たとえ数十フェ

ムト秒とごく短いレーザーパルスを用いたとしても,結合の伸長がフラグメントイオンの分布に大きく影響を与える.たとえばアセチレン($H-C\equiv C-H$)の場合,多価の原子イオンとの衝突では多様なフラグメントイオン(H^+, C^+, C^{2+}, C^{3+}, CH^+, C_2^+, C_2H^+)が観測される.一方,フェムト秒のレーザーパルスを用いた場合は

最先端研究6

超高速水素原子移動

多原子分子の多くは,水素原子を含む炭化水素分子である.化学反応において,分子内および分子間の水素原子の移動は古くからよく知られている結合組換え反応の一つであり,化学反応において非常に重要な役割を果たしている.強光子場に分子をさらすと,光子場によって分子のもっていた分子内のポテンシャルが大きくひずみ,分子の構造が大きく変形するようになる.光電場の影響を一番大きく受けるのは電子であり,その電子分布の変化に追随するかたちで,最も軽い原子である水素原子が超短パルスレーザーのパルス幅内で,超高速で動き化学結合の組換えが起こる.この現象を「強光子場下での超高速水素原子移動」とよぶ.

強光子場中における分子ダイナミクスは,単一分子からの解離過程を検出することが可能である計測手法「コインシデンス運動量画像法」を用いることによって調べることができる.この方法では,Coulomb 爆発過程で生じたフラグメントイオンを同時計測することができるため,どの電荷状態から生成したフラグメントイオンであるのか,およびフラグメントイオン間の相関を得ることが可能である.

強光子場(10^{14} W cm^{-2})中のメタノール分子(CH_3OH)から得られた運動量画像から,(1) 水素原子の3量体イオン(H_3^+)が生成すること,そして,(2) 水素原子が炭素原子側から酸素原子側に,もしくは酸素原子側から炭素原子側にレーザーパルス幅内で非常に高速で移動する分子内水素マイグレーショ

CH$^+$,C$_2^+$,そしてC$_2$H$^+$などは観測されず,原子イオンであるH$^+$,C$^+$,C^{2+},C^{3+}のみが観測される.これは多価イオンになる前にC−HとC−C結合がともに十分伸びきってしまうために,フラグメントイオンとして存在できず,完全に原子状イオンまで解離するためである.しかし,アセチレンの末端元素を水素からヨウ素に

ンが誘起されることが明らかとなっている.また,重水素置換を行ったメタノール分子(CD$_3$OHおよびCH$_3$OD)を用いた計測結果との比較から,分子内に重水素原子が1つでも含まれると水素原子移動が減速されることがわかり,分子内の水素原子が協同的に動いていることが明らかとなっている.

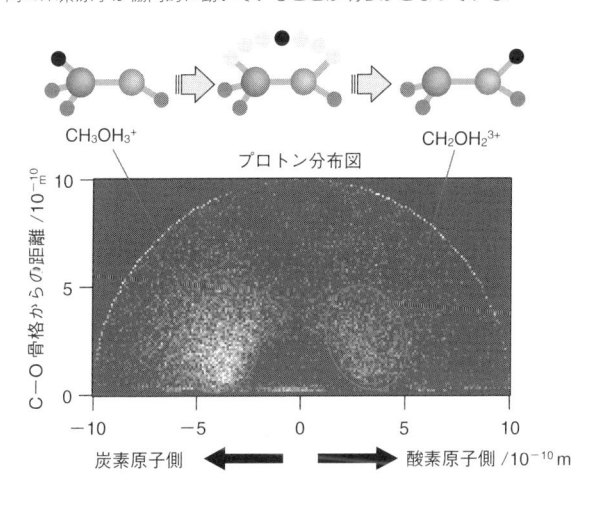

CH$_3$OH$_3^+$ ／ プロトン分布図 ＼ CH$_2$OH$_2^{3+}$

C−O骨格からの距離 /10^{-10} m

炭素原子側 ← → 酸素原子側 /10^{-10} m

超高速水素原子移動

(東京大学大学院理学系研究科 山内 薫)[23]

変えるとC_2I^+, そしてC_2^+が観測されるようになる. ヨウ素の質量は水素の127倍であり, C－I結合の伸長が遅くなるためである[21].

Coulomb爆発で生じたフラグメント対の運動量を測定することで, 爆発で飛散する前の分子イオンの構造を再現する方法がある（最先端研究6参照）. 同一の分子イオンから生じたフラグメントどうしの関係を測定することが必要であり, レーザーを1パルス照射したときに, 複数の分子イオンが生じないことが条件となる. 分子イオンが4つのフラグメントに解離した場合の関係を測定できた例があるが, 原子数の多い分子を扱う場合や, さらに多くのフラグメントに解離する場合, そしてきわめて価数の高い状態の場合は困難さが伴う. しかし, この手法を用いて多価イオン化に伴う構造変形, 多様な解離過程, 大きな運動エネルギーの放出, そしてレーザー電場の影響など, 興味深い現象が発見されている.

4.6.3 超多価イオンの爆発

中性のフラーレン（C_{60}）には360個の電子が属している. 10^{16} W cm^{-2}程度の高強度レーザーを照射した場合には電子を100個以上剥ぎ取ることができる. 口絵3は, フラーレンから電子を剥ぎ取って多価イオンを生成する反応のシュミレーション結果である[24]. 2.2節で解説したように光は電磁波であるから, 電場の中に電荷をもった粒子があると, 力を受けて電場の方向（図2.1参照）へ振動する. フラーレン中の電子もレーザーの強い電場により1方向（紙面上下方向）に激しく動かされる. 電子はまずレーザー電場に沿って紙面上方に放出される（口絵3b）. レーザー電場は交番電場, いわゆる交流であるから電場の向きが入れ替わり, 今度は紙面下方に電子が放出される（口絵3c）. たとえば800 nmの光の1

周期は2.7 fsである．電子は軽いため，イオン化の後すぐさまイオンから離れるが，電場の反転に伴ってレーザー電場により加速され，確率は小さいが大きなエネルギーを伴ってふたたび分子に衝突する．そのため，電子の再衝突によるイオン化も起こる（電子再散乱ともよばれる）．たとえば10^{16} W cm^{-2}での電子の再衝突エネルギーは最大1,900 eVであり，フラーレン1価イオンを生成するエネルギーの250倍にもなる．

電子はレーザー電場方向に沿って分子末端から飛び出していくため，イオン化が進むとフラーレンの末端部分には価数の大きい炭素イオンが生じる（口絵3d）．電場の反転に伴って電子は分子内を飛び移り，今度は分子の反対側で価数の大きい炭素イオンの分布が多くなる（口絵3e）．最終的に中央および側面部分には低価数の炭素イオンが分布し，両末端には高価数の炭素イオンが分布する（口絵3f）．炭素イオンの集団はCoulomb反発で解離するが，電荷の反発が価数で異なるため，球状ではなくラグビーボール形に爆発する．

■**問題** 4.5　C_{60}には6員環構造が？個，5員環構造が？個ある

4.7　表面への照射

表面に高強度レーザーを照射して，空間的にも時間的にもエネルギーを1点に集中させると，さまざまなことが起こる．レーザーの発明直後から表面への照射実験が始まったが，レーザーをとりあえず何かに当ててみたいというのは誰でもが抱く衝動であると思う．しかし安易に行うのはたいへん危険である．反射したレーザーがどこに散乱するかわからないし，レーザー本体へ逆戻りすればレーザー自身を破壊する．フェムト秒レーザーをレンズで集光すれ

ばX線が発生する恐れもある（最先端研究3）．しかし，実際に加工や医療という実用面で目覚ましい成果を上げている．工場でのレーザー溶接や加工，そして医療現場でのレーザーメスはよく知られているところである．これらはいずれも連続発振レーザーを用いて物質を溶解する，あるいは焼き切るなどといった使い方をしている．つまり，レーザーにより物質が発熱，溶解，分解することを利用しているのである．しかし，レーザーのパルス幅をピコ（10^{-12}）秒以下に短くしていくと，光の性質を活かした価値のある加工が可能になる．短パルスレーザーが注目されたのは，まず加工の綺麗さであった．ナノ秒のパルスを用いると，溶解して噴出した材料が，ドリルで穴を開けたときのように「バリ」として穴のまわりに蓄積する．一方，フェムト秒のパルスを用いると穴の周囲は綺麗に仕上がった．また，高強度パルスを用いると多光子吸収（4.3

最先端研究7

フェムト秒レーザーによる物質プロセッシングの最前線

　フェムト秒レーザーを適切な強度で面に照射すれば，波長以下の格子間隔をもつナノ周期構造が自己組織的に形成される．図には波長800 nmのフェムト秒レーザーにより形成した格子間隔266 nmのナノ周期構造を示す．ナノ構造の溝はレーザーの偏光方向に直交した方向に形成される．ナノ周期構造の形成機構は謎であり，その機構が解明されれば，基礎プラズマ物理分野において重要な知見を与えるだけでなく，ナノ周期構造形成を抑制することが可能になり，表面微細加工のための強力なツールとなる．金属のナノ周期構造についてその格子間隔はレーザー強度に依存することがCu, Ti, Pt, Mo, Wについて調べられ，その周期構造はレーザー誘起表面プラズマ波によるものと推察されている．しかしながら，金属以外の材料（絶縁体，半導体など）でも同様にナ

節で解説）が起こるため，可視光や近赤外光であってもガラスなどの透明材料の加工ができる．さらに光の性質（干渉，偏光）を活かした微細かつ周期構造の加工が可能である（最先端研究7）．

　レーザー加工の場合は物質が発熱，溶解，分解すると述べたが，実際はレーザーを表面に照射すると，あるレーザー強度以上で中性原子・分子，正・負イオン，クラスター，電子，光が放出される．この現象をアブレーション（爆触）とよぶ．アブレーションは微細加工，薄膜形成，さらに超微粒子生成にも利用される．アブレーションとレーザー加工については基礎から工業的な利用，そして医療（たとえば近視矯正手術であるレーシック）に至るまでよい総説が多数出版されている．ただし，アブレーションは対象とする物質，レーザーの波長やエネルギー，そしてパルス幅などに大きく依存するため，その機構についてはいまだ議論が尽きない．詳細は他

ノ周期構造が自己組織的に形成されており，これらではコロイド配列などの可能性が示唆されている．

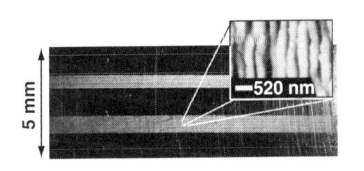

加工表面にできたナノ周期構造
材質：銅，パルス幅：100 fs，波長：800nm．

（京都大学化学研究所　橋田昌樹）[25]

書に譲るとして，ここでは有機化合物へのレーザー照射に限って述べるに留める．

レーザーを物質に照射する場合，金属，半導体，ポリマー，ガラス，生体そして分子結晶など，対象とするものによって起こる現象が異なる．物質が表面から噴出する前に金属では金属結合，ポリマーやガラスでは共有結合が必ず切断される．一方，分子どうしが弱い van der Waals 力や水素結合で結びついている分子結晶では共有結合が切れる前にまず分子どうしが一つひとつバラバラになりやすい．レーザー強度を抑えて分子を表面から飛び出させるソフトな物質噴出現象を脱離（desorption）とよび，アブレーションと区別している．第1章で解説した MALDI（マトリックス支援レーザー脱離イオン化）法では，マトリックスとよばれる有機物の中に，微量の対象分子が取り込まれた混合物にレーザーを照射している．MALDI 法におけるイオン生成の機構には諸説あるが，簡略にまとめると，マトリックスに照射された紫外線のエネルギーが内部転換（図2.6参照）を経て熱に変換され，膨張し，噴出する，その間にマトリックスから出たプロトンが対象分子に付加することでイオンとなり検出できる．4.4節で解説したイオン化は電子が飛び出して起こる．MALDI 法では正電荷をもつプロトン（あるいはアルカリ金属イオンなど）が付加するので，本来プロトン化というべきなのだろうが，慣例的にイオン化とよばれている．イオン化には窒素レーザー（波長 337 nm の紫外線，パルス幅 3 ns）が一般的に用いられている．紫外線を吸収し，かつプロトン源となるようにカルボキシ基やヒドロキシ基が置換した芳香族化合物がマトリックスとしてよく使われている．最近では赤外レーザー（たとえば波長 2.9 μm，パルス幅 100 ns）を用いた MALDI 法も使われ始めた．マトリックスの O−H，あるいは N−H 伸縮振動により赤外光が吸収さ

れ，分子振動により直接加熱される．いずれにせよ，マトリックスはプロトン付加・脱離剤，あるいは電子供与・受容体としてはたらくと同時に，分解を抑える緩衝材としてもはたらく．MALDI法では分子を壊さずに測定できることが特徴である．4.5節ではフェムト秒レーザーを用いても気相中の分子を壊さずにイオン化できると述べた．

レーザー強度を大きくすると，アブレーションにより表面から物質が激しく飛び出す．ナノ秒パルスを用いた場合は，急激な熱発生による分子の爆発的な昇華（光熱的アブレーション），あるいは結合切断により生じた小さいガス状の分子の爆発的な飛散（光化学的アブレーション）が起こると考えられている．一方，フェムト秒パルスを用いた場合は，熱というより表面に大きなひずみによる応力が発生することで分子結晶の破壊と飛散が起こる（光機械的アブレーション）と考えられている．さらに高強度のフェムト秒レーザーを用いると，高密度にイオンが生成する．そのため，表面に生成したイオンどうしのCoulomb反発によるCoulomb爆発が瞬時に起こってイオンが飛び出す．金属や半導体では電子の移動度が大きいため，表面の電荷が拡散してCoulomb爆発によるアブレーションは起こりにくいといわれているが，テフロン，黒鉛，そしてシリコンからはC^{2+}，C^{3+}，F^{2+}，Si^{2+}などが飛び出す．黒鉛から飛び出したC^{3+}の最高速度は58 km s^{-1}と見積もられている [26]．これは100 fsでC^{3+}が58 Å（ベンゼン10個分）移動することに相当する．時速でいうと21万kmである．有機結晶からは分子イオンのほかに，まずH^+とC^+が飛び出す．さらにレーザー強度を上げると分子の2,3量体，そしてバラバラになった断片が付加した多数のフラグメントイオンが発生する（図4.13）．この場合炭素の多価イオンや分子の多価イオンは観測できない．

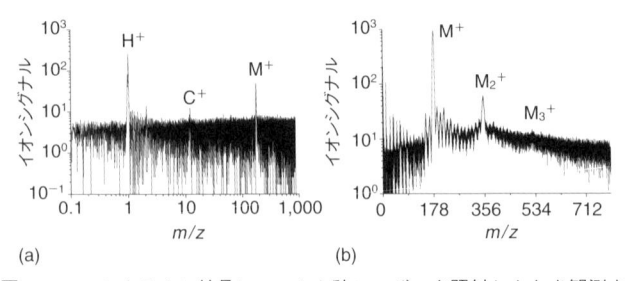

図 4.13 アントラセン結晶にフェムト秒レーザーを照射したとき観測された質量スペクトル（1.4 μm，56 fs）[27]

レーザー強度は（a）4.5×10^{12} W cm^{-2}，（b）10^{13} W cm^{-2}．M$^+$はアントラセンの分子イオン．縦軸は対数スケール．

最先端研究 8

超短パルスによる反応制御

照射強度が 10^{13} W cm^{-2} 以上の高強度場における分子のイオン化および解離経路制御の研究を紹介する．この分子にレーザーを照射して結合を解離する際，果たして C−C 結合解離（CH$_2$OH$^+$ の生成）と C−O 結合解離（C$_2$H$_5^+$ の生成）の比を可変にできるかというのがテーマである．ただし，この場合扱うのは中性分子の解離ではなく，イオンの反応である．

波長 800 nm（1.55 eV）の光子では，エタノール分子のイオン化には 7 光子以上の多光子吸収過程が必要である．図の左側は，イオン化エネルギー以上のレベル準位に多光子吸収によって励起された際に，1 価の解離性電子励起準位から解離する過程と，1 価の基底準位イオン（親イオン）の生成を図示している．フェムト秒パルス内で光の電場によりエネルギー準位のシフトが起こり，解離ポテンシャルに乗り移ることが可能となる．ここではその乗り移りを「非断熱遷移」で示している（図右）．C−O および C−C 結合の解離，親イオンがどのくらい残るかは，レーザーパルスの強度，波形（パルス幅），また波長によって大きく変化することが想像できるであろう．このあたりを含め，任意

アブレーションは固体表面だけでなく，液体表面や液体中の物質でも起こる．難溶性の有機分子も，溶媒中で撹拌しながらレーザーを照射すると，アブレーションにより分子結晶がほぐれて直径数十ナノメートルの粒子となり，可溶化する．これは液中レーザーアブレーション法とよばれている．フェムト秒パルスを用いるとナノ秒パルスに比べてより小さいナノ粒子をつくれることも明らかにされた．高付加価値の有機ナノ材料の生成法として期待されている[28]．

にパルス波形を整形し，結果的に [C−O 解離]/[C−C 解離] 比を 0.1〜0.8 の間で変化できることを実験的に明らかにした．

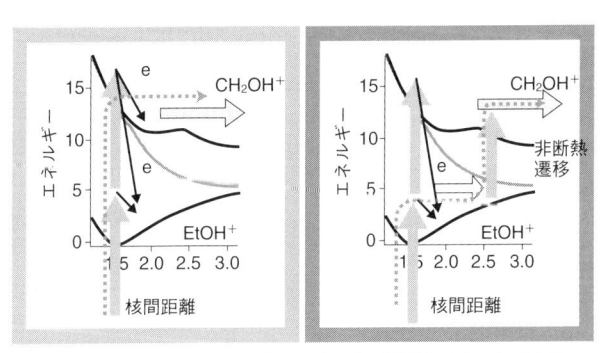

エタノール分子のフェムト秒レーザー励起解離性イオン化反応の2つの過程

（慶應義塾大学大学院理工学研究科　神成文彦）[29]

4.8 反応制御

4.8.1 同位体分離

「レーザーによる反応制御」はレーザー発明以来の化学者の夢である．初期のころは特定の準位に光励起すればよいのではないか，と考えられた．「状態から状態への化学」というキャッチフレーズで特定の準位に光励起し，その後の反応過程を調べる研究が進ん

最先端研究 9

C_{60} の高強度レーザー励起ダイナミクス

強いレーザー光は，分子振動エネルギーが多くの結合に素早く流れていく過程に打ち勝つプロセスを誘起することができ，現在は光によって結合選択的な反応を起こせる時代になった．河野らは，原子核の運動を決めるポテンシャル面が光によってひずむ効果を取り込んだ時間依存断熱状態法とよばれる第一原理的手法を開発し，反応制御が困難とされる C_{60} のような大きな分子でも，いくつかのフェムト秒パルスの列の間隔を特定の分子振動の周期と一致させることによって，大きなエネルギーをその振動モードに注入できることを示した（図参照）．どの振動モードを励起するかによって，数百ピコ秒後に起こる5員環が直接つながる不安定な構造への転位（図 (c)）の（Stone-Wales（ストーン-ウエールズ，SW）転位）の回数が異なり，C_{60} のネットワーク構造が異なったものになる．この構造制御によって解離生成物の収率を制御できる．この得られたシナリオによって，C_{60} の特定の解離生成物の収率を最大にするパルス列があるという I. V. Hertel らの反応制御実験を第一原理的に解釈できるようになった．

だ．ある結合を切りたい場合，その特定の結合にエネルギーを集中する必要があるが，このエネルギー集中により特定の準位に励起するだけでは制御できない．エネルギーは高速で他の準位に流れてしまうからである．同位体分離については1970年初期からレーザーによる選択励起や分離に成功している．同位体により，分子の赤外振動の振動数が異なる．また，ウランのように重い原子では原子の電子準位が同位体により，わずかに異なる．これらの差を利用し，

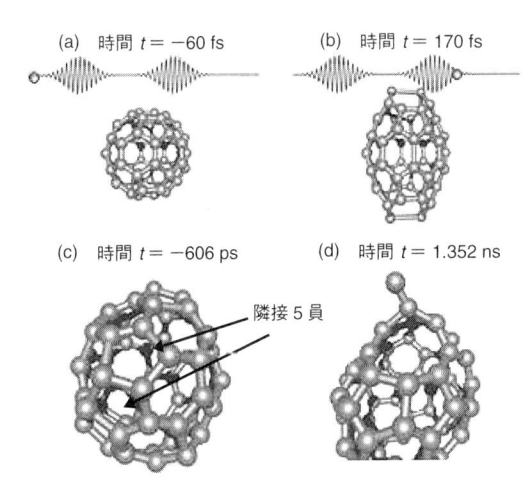

光強度 7×10^{14} W cm^{-2}，パルス長 30 fs の2つの近赤外パルスと相互作用する中性 C_{60} のスナップショット

各時刻での電場強度を示す．(a) と (b) 60 eV ものエネルギーが偏長と扁平の構造を繰り返す $h_g(1)$ 振動モードに注入され，(c) SW転位を経て，(d) 1つの炭素原子が5員環から立ち上がりナノ秒領域で C_2 の脱離が始まる．

(東北大学大学院理学研究科　河野裕彦）[30]

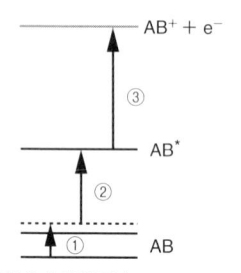

図 4.14 選択的多段階励起による分子のイオン化

第一の光で選択励起，次の光でイオン化あるいは解離させる．アンモニア（窒素），ホルムアルデヒド（炭素），シリコン化合物（ケイ素），ウランなど，多数の原子の同位体分離に成功している．

図 4.14 にはレーザーによる同位体分離の初期のころに行われた分離スキームを示す．最初の光①で片方の同位体を含む分子 AB を選択的に振動励起，次に②の光で分子の励起状態 AB* とする．③

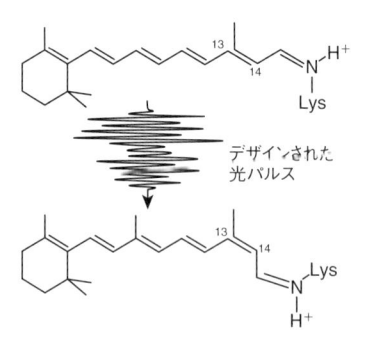

図 4.15 シス-トランス異性化反応の制御の例

の光で分子をイオン化し，AB$^+$とする．イオンは電場で引き寄せて分離できる．

4.8.2 フェムト秒高強度レーザーパルスによる反応制御

デザインされたパルスを用いた反応制御の考え方は 1980 年代に

コラム 9

電子が原子核を1周する時間　152 as

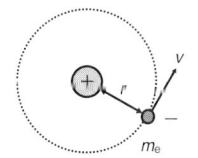

水素原子の Bohr モデル

水素原子 1s 軌道を回る電子を古典的に考える．Coulomb 力と遠心力は釣り合うので

$$\frac{e^2}{4\pi\varepsilon_0 r^2} = \frac{m_e v^2}{r}$$

r に Bohr 半径（$=5.291\times10^{-11}$ m），電子の電荷 e，電子の質量 m_e，誘電率 ε_0 を代入すれば，電子の速度 v は次式のように求められる．

$$v = \sqrt{\frac{e^2}{4\pi\varepsilon_0 m_e r}} = 2.187\times10^6 \text{ m s}^{-1} \approx 2.2\times10^3 \text{ km s}^{-1}$$

（この速度は光速の 1/137 である．）

したがって，1 周にかかる時間 Δt は次のように計算できる．

$$\Delta t = \frac{2\pi r}{v} = 152\times10^{-18} \text{ s} = 152 \text{ as}$$

始まった.光合成系のエネルギー移動を制御した例,視覚の初期過程に関連し,重要なシス-トランス異性化反応を制御した報告などがある.後者の例では反応収量を±20%変動させることに成功している [31](図 4.15).

量子力学によれば,すべての分子は固有の原子・電子波をもっている.この振動と光の波を同期させることにより,導きたい反応経路で強め合い(干渉)を起こさせれば,それが希望の生成物へとつ

最先端研究10

アト秒パルスの発生法

アト秒パルス発生は,レーザー電場による原子・分子のトンネルイオン化と電子再衝突という過程に基づいている.赤外の高強度レーザーパルス(たとえばパルス幅 30 fs,中心波長 800 nm,強度～$3×10^{14}$ W cm^{-2})を気相の原子や分子に照射すると,原子・分子内の電子のポテンシャルは電場の影響を大きく受け,パルスのピーク強度付近で原子(分子)の電子波動関数の一部がイオン化する(トンネルイオン化過程).イオン化した電子波動関数(電子波束)は,レーザー電場により加速され空間的に広がりながらもとの原子から離れるが,レーザー電場の向きが変わるとレーザー電場の1周期以内(800 nm の場合は約 1.7 fs 付近)にもとの原子に戻り衝突する(再衝突過程)(コラム 8 参照).衝突時の電子のエネルギーが輻射エネルギーに変換されると,極端紫外〜軟 X 線領域にわたる高次高調波とよばれる光が生成する.再衝突する電子の波動関数(波束)は広がっており,衝突はアト秒の時間幅で生じる.衝突している時間だけ光が発生するので,アト秒のパルス幅をもつ光が発生することになる.トンネルイオン化-電子再衝突過程は,もとのレーザー電場の半周期につき1回生じるが,もとのパルス幅が長い場合には,アト秒のパルス幅をもつ光がもとのレーザーの半周期ごとに生成することになる(アト秒パルス列の生成).

4.8 反応制御　101

ながり，反応を制御したことになる．フェムト秒レーザーパルスは種々の波長をもった，しかし，ある時点でピークの揃った光の重ね合わせであった．したがって，この重ね合わせを調整することにより，反応に適したかたちに整形可能である．両者のタイミングは自明ではないので，時に試行錯誤的アプローチが必要となる．生物進化の過程を応用した遺伝的アルゴリズムを用いた「適応学習制御」によって複雑な最適光パルス波形がデザインされている．上述のシ

もしもとのレーザーのキャリアエンベロープ位相を制御*し，かつ数回しか電場が振動しないほど短いパルスを使用すれば，1つのレーザーパルスにつき1回だけアト秒パルスを発生させることができる．

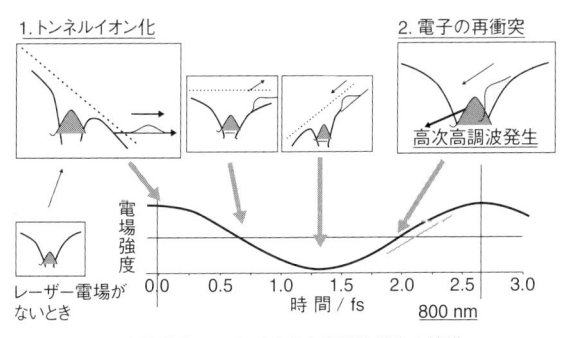

1. トンネルイオン化　　　　　　　2. 電子の再衝突

高次高調波発生

レーザー電場がないとき

電場強度

時間 / fs　　800 nm

アト秒発生につながる高次高調波発生の機構

---

*光の電場の位相（キャリヤー位相）と包絡線（エンベロープ）の間の関係を決めること．

（早稲田大学先進理工学部応用物理学科　新倉弘倫）[32]

ス-トランス異性化反応の制御の例（図 4.15）では比較的弱い（19 fs，17 nJ pulse^{-1}，5×10^9 W cm^{-2}）レーザーパルスで反応制御に成功している．最先端研究 8 に紹介しているエタノール分子の反応経路の制御では 10^{13} W cm^{-2} 以上の高強度場，最先端研究 9 の C_{60} における解離反応での理論的研究では 10^{15} W cm^{-2} に近いレーザー

最先端研究 11

波動関数を見る

　電子の波動関数（分子軌道）の広がりやその位相は，分子のさまざまな性質や化学反応の選択性に影響を与える．電子波動関数の振幅の 2 乗は，電子の存在確率を与えると解釈されているが，近年，波動関数そのものを測定する試みが行われている．化学反応においては，同じ位相の波動関数が重なると結合を形成し，逆位相の波動関数が重なる場合には結合は形成されない．したがって，波動関数それ自体を測定することは化学反応の本質を理解するうえで重要である．測定には，最先端研究 10 に記したように，気相分子の高強度レーザー電場中におけるトンネルイオン化-電子再衝突過程を利用する．発生した高次高調波のスペクトルから，その分子の電子状態や振動運動，分子軌道などの情報を得ることができる．分子軌道の三次元分布を得るには，トンネルイオン化によって生成する電子を分子軸に対してさまざまな角度から衝突させ，発生した高次高調波のスペクトルをその角度の関数として測定する．2004 年に発表された方法 [33] では，高強度レーザー電場による分子の配列制御過程を利用する．まず（1）分子を高強度のレーザーパルス（$\sim 10^{13}$ W cm^{-2}）により一定の向きに配列させる．（2）直線偏光のレーザーパルス（$\sim 10^{14}$ W cm^{-2}）を用いて分子から高次高調波を発生させる．（3）分子軸の方向と再衝突する電子の角度（すなわち（2）のパルスの偏光方向）を 0°から 90°まで変えて高次高調波を測定する．得られたデータを逆 Fourier 変換などを用いて，分子軌道の三次元イメージを再構成する．この方法により，窒素分子の最高被占軌道

照射である．複雑な光パルスと反応経路の関係は必ずしも自明ではないので，理論的予測と解析が不可欠である．フェムト秒強光子場レーザーパルスによる反応制御では，フェムト秒レーザー装置，制御技術の発展が車の両輪となって理解が深められているところである．

($2p\sigma_g$)を位相を区別して実験結果から再構成できることが示された（図4.16）．今後，この方法はさまざまな分子の軌道の測定やフロンティア軌道理論などの実験的な実証につながることが期待される．

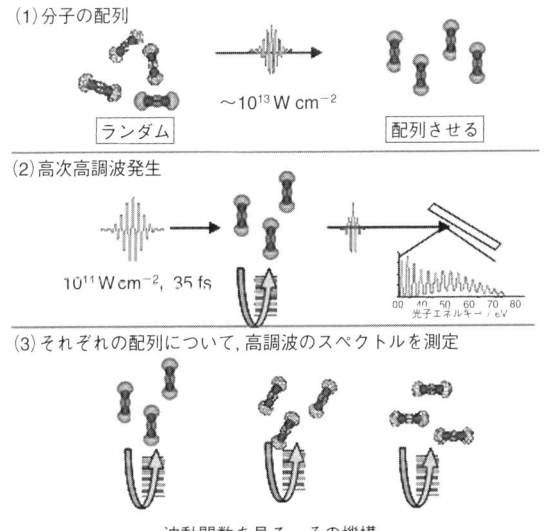

(1) 分子の配列

～10^{13} W cm^{-2}

ランダム　　　配列させる

(2) 高次高調波発生

10^{11} W cm^{-2}, 35 fs

光エネルギー / eV

(3) それぞれの配列について，高調波のスペクトルを測定

波動関数を見る，その機構

（早稲田大学先進理工学部応用物理学科　新倉弘倫）[30]

4.9 アト秒の化学

「フェムト秒化学」では化学反応そのものを追跡できるようになり，Zewail がノーベル賞を獲得したのは 1999 年である．21 世紀になってから，アト (10^{-18}) 秒の科学が最先端科学として発展しつつある（4.1.1 項参照）．コラム 9 には水素の電子が原子核を 1 周する時間を紹介する．核の動き，すなわち，振動運動の 1 周期は 10〜100 fs 程度であるが，アト秒パルスを用いれば，核の動きは時々刻々とわかることはもちろんだが，電子の動きが見えるという．さらに，電子状態の空間分布が見えたのは驚きであった．図 4.16 には窒素分子の波動関数が観測された，歴史的な結果を引用する

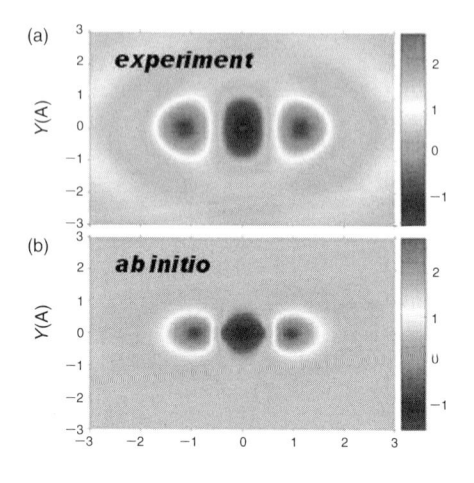

図 4.16　窒素分子の波動関数 $\Psi(x, y)$（$2p\sigma_g$）[33]
振幅の符号を区別して測定された．中心は負，両側は正．(a) 実験結果，(b) *ab initio* 計算．

[33]．最先端研究として 10「アト秒パルスの発生法」と 11「波動関数を見る」を紹介する．「アト秒の化学」の発展を期待する．

■**問題** 4.6　物理定数を代入し，水素原子の 1s 軌道を 1 周する時間が 152 as となることを確かめよ．

解答案

問題 2.1 水の OH 振動の 4 ないし 5 倍音のため,水は少しだけ赤い色を吸収する.残った青,緑が水中で散乱され,人の目に入る.

問題 2.2 $337/96.485 = 3.49$ eV, $3.49 \times 8065.5 = 2.82 \times 10^4$ cm^{-1}, $1.196 \times 10^5/337 = 355$ nm

問題 2.3 〜〜

問題 2.4 $dI = -\sigma N I \, dl$, $\int_0^x \dfrac{dI}{I} = -\sigma N \int_0^x dl$, $\ln \dfrac{I}{I_0} = e^{-\sigma N x}$

問題 2.5 [5×10^5 M^{-1} cm^{-1}, 1.9×10^{-15} cm^2]

問題 2.6 $\Psi_f = \sqrt{\dfrac{2}{a}} \sin\left(\dfrac{2\pi x}{a}\right)$, $\Psi_i = \sqrt{\dfrac{2}{a}} \sin\left(\dfrac{\pi x}{a}\right)$, $r \to x$, $d\tau \to dx$ として考える.
$\int (奇関数) \times (奇関数) \times (遇関数) \, dx = \int (遇関数) \, dx \not\equiv 0$.

問題 2.7

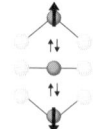

問題 3.1 ポンピングを大きくし,上準位と下準位の差を少なくすると吸収が飽和し始め,ついには見かけ上透明になる.(3.2) 式で $\Delta N = 0$ に相当する.逆転分布を形成できない.

問題 3.2 $\dfrac{N_2}{N_1} = \exp\left(-\dfrac{\Delta E}{kT}\right) = \exp\left(-\dfrac{2{,}100 \text{ cm}^{-1}}{207 \text{ cm}^{-1}}\right) = 4 \times 10^{-5}$

問題 3.3 $L = \dfrac{\lambda}{2} N$, $c = \nu \lambda$ よって,$\nu = \dfrac{c}{2L} N$, $\dfrac{d\nu}{dN} \to d\nu = \dfrac{c}{2L} dN \to dN = 1$, $\Delta \nu = \dfrac{c}{2L}$

問題 3.4 $\Delta t = \sqrt{\dfrac{2 \ln 2}{a}}$, $\Delta \omega = \Delta 2\pi \nu = 2\sqrt{2a \ln 2}$,よって,$\Delta \nu \, \Delta t = \dfrac{2 \ln 2}{\pi} = 0.441$

問題 3.5 $D \text{(on earth)} = \dfrac{2.44 \times 0.532 \times 10^{-6} \text{ m}}{0.10 \text{ m}} \times 38.4 \times 10^4 \text{ km} = 5.0$ km 以上に広がる.

解答案　107

問題 4.1　略

問題 4.2　$m\dfrac{d^2x}{dt^2}=-eE_0\cos\omega t$, $m=\dfrac{dx}{dt}=\dfrac{eE_0}{\omega}\sin\omega t$, $\dfrac{1}{2}mv^2=\dfrac{m}{2}\left(\dfrac{eE_0}{m\omega}\sin\omega t\right)^2$
とし，0 から 2π まで積分，$E_0^2=\dfrac{2}{\varepsilon_0 c}I_0$ として計算．

$$U_p=\dfrac{(1.602177\times 10^{-19}\text{C})^2\times\dfrac{2}{\varepsilon_0 c^3}\times 10^{-12}I_0\lambda^2\times 10^{-4}}{16\pi^2\times 9.109\,39\times 10^{-31}\text{kg}\times 1.602177\times 10^{-19}\text{J eV}^{-1}}$$

$\qquad =9.3372\times 10^{-14}I_0\lambda^2$ eV, (I_0 : Wcm^{-2}, λ : μm)

問題 4.3　M^{4+} では二，四，六重項の 3 つ，M^{5++} では一，三，五重項の 3 つ．

問題 4.4　$E_k=14.4\times 1\times 1/1.27=11.3_3$ eV, $E_k(\text{H}^+)=35/36\times 11.33=11.0_1$ eV

問題 4.5　C$_{60}$ には 6 員環構造が 20 個，5 員環構造が 12 個ある．

問題 4.6　略

参考文献

[1] 光化学の参考書:"Principle of Molecular Photochemistry: An Introduction", Turro, J., Ramamurthy, V., Scaiano, J. C., University Science Books (2009). 訳本が出版される予定.

[2] Heisel, F., Miehè, J. A. p-Dimethylaminobenzonitrile in Polar Solution. Time-resolved Solvatochromism of the TICT State Emission. *Chem. Phys. Lett.*, **128**, 323 (1986).

[3] レーザーの参考書:Yariv, A. 著, 多田邦雄, 神谷武志訳, 『光エレクトロニクスの基礎』原書3版, 丸善 (1988).

[4] レーザーの辞書:豊田浩一ほか編, 『レーザーハンドブック, 第2版』, レーザー学会, オーム社 (2005).

[5] 物理化学の教科書に説明がある:例:Atkins, P. W. and de Paula, J., 千原秀昭, 中村亘男訳, 『アトキンス物理化学, 第8版』, 東京化学同人 (2009).

[6] 阪部周二, 飯田敏行, 高橋亮人, 超高強度レーザーを用いた放射線の発生. 日本原子力学会誌, **43**, 996 (2001).

[7] Iwakura, I., The Experimental Visualisation of Molecular Structural Changes During both Photochemical and Thermal Reactions by Real-time Vibrational Spectroscopy, *Phys. Chem. Chem. Phys.*, **13**, 5546 (2011).

[8] Yamanouchi, K., Laser Chemistry and Physics-The Next Frontier. *Science*, **295**, 1659 (2002).

[9] 強光子場科学研究懇談会 (http://www.jils.jp/) 編, 『強光子場科学の最前線2』(2009).

[10] Hatanaka, K., Fukumura, H., X-ray Emission from CsCl Aqueous Solutions when Irradiated by Intense Femtosecond Laser Pulses and its Application to Time-resolved XAFS Measurement of I- in Aqueous Solution. *X-ray Spectrometry*, in press (2012).

[11] Yatsuhashi, T., Ohbayashi, T., Tanaka, M., Murakami, M., Nakashima, N., Femtosecond Laser Ionization of Organic Amines with Very Low Ionization Potentials: Relatively Small Suppressed Ionization Features. *J. Phys. Chem. A*, **110**, 7763 (2006).

[12] Ammosov, M. V., Delone, N. B., Ivanov, M. Yu., Bondar, I. I., Masalov, A. V., Cross Sections of Direct Multiphoton Ionization of Atoms. *Adv. At. Mol. Phys.*, **29**, 33 (1992).

[13] Ueno, K., Juodkazis, S., Shibuya, T., Yokota, Y., Mizeikis, V., Sasaki, K., Misawa, H., Nanoparticle Plasmon-assisted Two-photon Polymerization Induced by Incoherent

Excitation Source. *J. Am. Chem. Soc.*, **130**, 6928 (2008).

[14] Yatsuhashi, T., Ichikawa, S., Shigematsu, Y., Nakashima, N., High-Order Multiphoton Fluorescence of Organic Molecules in Solution by Intense Femtosecond Laser Pulses. *J. Am. Chem. Soc.*, **130**, 15264 (2008).

[15] Mori, K., Ishibashi, Y., Matsuda, H., Ito, S., Nagasawa, Y., Nakagawa, H., Uchida, K., Yokojima, S., Nakamura, S., Irie, M., Miyasaka, H., One-Color Reversible Control of Photochromic Reactions in a Diarylethene Derivative: Three-Photon Cyclization and Two-Photon Cycloreversion by a Near-Infrared Femtosecond Laser Pulse at 1.28 μm. *J. Am. Chem. Soc.*, **133**, 2621 (2011).

[16] DeWitt, M. J., Levis, R. J., Near-Infrared Femtosecond Photoionization/Dissociation of Cyclic Aromatic-Hydrocarbons. *J. Chem. Phys.*, **102**, 8670 (1995).

[17] Bhardwaji, V. R., Corkum, P. B., Rayner, D. M., Internal Laser-Induced Dipole Force at Work in C_{60} Molecule. *Phys. Rev. Lett.*, **91**, 203004 (2003).

[18] Harada, H., Shimizu, S., Yatsuhashi, T., Sakabe, S., Izawa, Y., Nakashima, N., A Key Factor in Parent and Fragment Ion Formation on Irradiation with an Intense Femtosecond Laser Pulse. *Chem. Phys. Lett.*, **342**, 563 (2001).

[19] Ohmura, H., Saito, N., Tachiya, M., Selective Ionization of Oriented Nonpolar Molecules with Asymmetric Structure by Phase-Controlled Two-Color Laser Fields. *Phys. Rev. Lett.*, **96**, 173001 (2006).

[20] Yatsuhashi, T., Nakashima, N., Formation and Fragmentation of Quadruply Charged Molecular Ions by Intense Femtosecond Laser Pulses. *J. Phys. Chem. A*, **114**, 7445 (2010).

[21] Yatsuhashi, T., Mitsubayashi, N., Itsukashi, M., Kozaki, M., Okada, K., Nakashima, N., Persistence of Iodines and Deformation of Molécular Structure in Highly Charged Diiodoacetylene: Anisotropic Carbon Ion Emission *ChemPhysChem.*, **12**, 122 (2011).

[22] Hishikawa, A., Matsuda, A., Fushitani, M., Takahashi, E. J. Visualizing Recurrently Migrating Hydrogen in Acetylene Dication by Intense Ultrashort Laser Pulses. *Phys. Rev. Lett.*, **99**, 258302 (2007).

[23] Okino, T., Furukawa, Y., Liu, P., Ichikawa, T., Itakura, R., Hoshina, K., Yamanouchi, K., Nakano, H., Coincidence Momentum Imaging of Ultrafast Hydrogen Migration in Methanol and its Isotopomers in Intense Laser Fields. *Chem. Phys. Lett.*, **423**, 220 (2006).

[24] Kou, J., Zhakhovskii, V., Sakabe, S., Nishihara, K., Shimizu, S., Kawato, S., Hashida, M., Shimizu, K., Bulanov, S., Izawa, Y., Kato, Y., Nakashima, N., Anisotropic Coulomb Explosion of C_{60} Irradiated with a High-intensity Femtosecond Laser Pulse. *J. Chem.*

Phys., **112**, 5012 (2000).
[25] 橋田昌樹,清水政二,阪部周二,短パルスレーザーによるナノアブレーション.レーザー研究, **33**, 514 (2005).
[26] Kaplan, A., Lenner, M., Palmer, R. E., Emission of Ions and Charged Clusters due to Impulsive Coulomb Explosion in Ultrafast Laser Ablation of Graphite. *Phys. Rev. B*, **76**, 073401 (2007).
[27] Yatsuhashi, T., Nakashima, N., Ionization of Anthracene Followed by Fusion in the Solid Phase under Intense Nonresonant Femtosecond Laser Fields. *J. Phys. Chem. C*, **113**, 11458 (2009).
[28] Asahi, T., Sugiyama, T., Masuhara, H., Laser Fabrication and Spectroscopy of Organic Nanoparticles. *Acc. Chem. Res.*, **41**, 1790 (2008).
[29] 矢澤洋紀,神成文彦,板倉隆二,山内 薫.波形整形されたフェムト秒レーザーパルスによるエタノール分子の解離イオン化学反応制御および振動核波束観測.レーザー研究, **35**, 710 (2007).
[30] Nakai, K., Kono, H., Sato, Y., Niitsu, N., Sahnoun, R., Tanaka, M., Fujimura, Y., *Ab initio* Molecular Dynamics and Wavepacket Dynamics of Highly Charged Fullerene Cations Produced with Intense Near–infrared Laser Pulses. *Chem. Phys.*, **338**, 127 (2007).
[31] Prokhorenko, V. I., Nagy, A. M., Waschuk, S. A., Brown, L. S., Birge, R. R., Dwayne Miller, R. J., Coherent Control of Retinal Isomerization in Bacteriorhodopsin. *Science*, **313**, 1257 (2006).
[32] 新倉弘倫,分光研究,総説,2012 年 2 月号,in press (2012).
[33] Itatani, J., Levesque, J., Zeidler, D., Niikura, H., Pépln, H., Kieffer, J. C., Corkum, P. B., Villeneuve, D. M., Tomographic Imaging of Molecular Orbitals. *Nature*, **432**, 867 (2004).

索　引

【数字・欧文】

2倍波発生 ……………………………53
Balmer系列 …………………………14
BBO …………………………………54
Boltzmann分布 …………………25, 26
Bohrの振動数条件 …………………11
C_{60} …………………………78, 88, 89, 96
Claisen転移 …………………………58
Corkumスリーステップモデル ……73
Coulomb爆発 ………………66, 81, 84, 93
Coulombポテンシャル ……………12
Fabry-Pérotエタロン型 ……………45
Fourierの関係 ………………………44
Franck-Condonの原理 ……………21
Jablonski図 …………………………18
Kashaの規則 ………………………18
Kerrレンズ …………………………42
Lambert-Beerの法則 ………………15
MALDI法 ……………………………3
MOPA方式 …………………………47
Planckの法則 ………………………27
Rayleigh散乱 …………………………7, 56
Stokes-Raman散乱 …………………56

【ア行】

アト秒の化学 ………………………104
アト秒パルスの発生法 ……………100
アニオン ……………………………81
アブレーション ……………91, 93, 95
アントラセン ………………………20
イオン化断面積 ……………………70
位相整合 ……………………………55
井戸型ポテンシャル ………………12
エタロン ……………………………43
エネルギー …………………………10
エネルギー準位 ……………………12

【カ行】

カーシャの規則 ……………………18
カチオン ……………………………81
カチオンラジカル …………………81
カーボニックジフルオリド ………82
カーレンズ …………………………42
逆転分布 ……………………………31
吸光度 ………………………………17
吸収 …………………………………18
吸収断面積 …………………………18
強光子場科学 …………………64, 65
共振器 ………………………………36
鏡像の関係 …………………………21
共鳴多光子イオン化 ………………73
クライゼン転移 ……………………58
クーロン爆発 ………………66, 81, 84, 93
クーロンポテンシャル ……………12
蛍光 …………………………………18

コインシデンス運動量画像法 ……86
高強度レーザー化学 ……66
光子1個のエネルギー ……9
高次高調波 ……64, 77, 78
コーカムスリーステップモデル ……73
黒体放射 ……25, 26
コーナーキューブ ……51

【サ行】

三準位レーザー ……32
ジカチオン ……81
シクロヘキサジエン ……79
指向性 ……38
自己収束 ……58
シス-トランス異性化反応 ……100
質量分析 ……4
N,N-ジメチルアミノベンゾニトリル
……21
障壁越イオン化 ……76
水素マイグレーション ……64
ストークス-ラマン散乱 ……56
遷移モーメントと選択律 ……16

【タ行】

多価イオン ……81, 83
多光子吸収 ……67, 69
単色レーザー ……43
チャープパルス ……44
チャープパルス増幅 ……48, 64
チャープミラー ……44, 60
超高速水素原子移動 ……86
超短パルス ……40
直接イオン化 ……73

適応学習制御 ……101
テトラキス（ジメチルアミノ）エチレン
……82
電荷分離 ……83
電磁波 ……8
同位体分離 ……96
透過率 ……17
トリカチオンラジカル ……81
トリフェニレン ……82
トンネルイオン化 ……66, 77, 80

【ハ行】

爆触 ……91
白色レーザー ……57
波動関数 ……102
パラメトリック発振 ……55
パルスX線 ……66
バルマー系列 ……14
反Stokes-Raman（ストークス-ラマン）
散乱 ……56
反応制御 ……67, 94, 96, 99
光強度と電場 ……62
非共鳴多光子イオン化 ……74
非線形屈折率 ……43
非線形光学 ……53
ファブリ-ペローエタロン型 ……45
フェムト化学 ……1
フォトクロミズム ……74
フラグメント ……83
フラーレン ……1
フランク-コンドンの原理 ……21
プランクの法則 ……44
フーリエの関係 ……44
プロセッシング ……90

ボーアの振動数条件 ……………………11
飽和エネルギー ……………………………50
飽和強度 ……………………………………68
保護眼鏡 ……………………………………60
ボルツマン分布 …………………………25, 26
ポンデロモーティブポテンシャル
　……………………………………………77, 78
ポンプ-プローブ法 …………………………2

【マ行】

2-メチルニトロアニリン ………………55
モード ………………………………………38
モル吸光係数 ………………………………16

【ヤ行】

ヤブロンスキー図 …………………………18

誘導 Raman（ラマン）過程 ……………58
誘導 Raman（ラマン）散乱 ……………55
誘導放出 ……………………………………25
溶媒の配向緩和 ……………………………21
四準位レーザー ……………………………32

【ラ行】

ラジカル ……………………………………81
ランベルト-ベールの法則 ………………15
レイリー散乱 ……………………………7, 56
レーザー ……………………………………25
レーザー蛍光顕微鏡 ………………………71
連続光 ………………………………………40

〔著者紹介〕

中島信昭（なかしま　のぶあき）
1974年　大阪大学大学院基礎工学研究科化学系後期博士課程修了
現　在　公益財団法人豊田理化学研究所　フェロー
専　門　レーザー化学

八ッ橋知幸（やつはし　ともゆき）
1998年　東京都立大学大学院工学研究科博士後期課程修了
現　在　大阪市立大学大学院理学研究科　教授
専　門　高強度レーザー化学

化学の要点シリーズ　4　*Essentials in Chemistry 4*
レーザーと化学　*Laser Chemistry*

2012年2月25日　初版1刷発行
著　者　中島信昭・八ッ橋知幸
編　集　日本化学会　Ⓒ2012
発行者　南條光章
発行所　**共立出版株式会社**
　　　　［URL］　http://www.kyoritsu-pub.co.jp/
　　　　〒112-8700 東京都文京区小日向4-6-19　電話 03-3947-2511（代表）
　　　　FAX 03-3947-2539（販売）　FAX 03-3944-8182（編集）
　　　　振替口座　00110-2-57035
印　刷　藤原印刷
製　本　協栄製本　　　　　　　　　　　　　　　　　　　　printed in Japan

検印廃止　　　　　　　　　　　　　　　　　社団法人
NDC　431, 431.52　　　　　　　　　　　　自然科学書協会
ISBN 978-4-320-04409-8　　　　　　　　　　会員

JCOPY ＜(社)出版者著作権管理機構委託出版物＞
本書の無断複写は著作権法上での例外を除き禁じられています．複写される場合は，そのつど事前に，(社)出版者著作権管理機構（電話 03-3513-6969，FAX 03-3513-6979，e-mail: info@jcopy.or.jp）の許諾を得てください．

化学の要点シリーズ

日本化学会 編
【全50巻予定】

❶ 酸化還元反応

佐藤一彦・北村雅人著　酸化(はじめに／金属酸化剤による酸化／過酸および過酸化物による酸化／有機化合物による酸化／酸素酸化およびオゾン酸化)／還元(はじめに／単体金属還元剤／金属水素化物還元剤／非金属物質還元剤)……176頁・定価1,785円

❷ メタセシス反応

森 美和子著　メタセシス反応とは／二重結合どうしのメタセシス反応(オレフィンメタセシス, アルケンメタセシス)／二重結合と三重結合の間でのメタセシス反応(エン-インメタセシス)／三重結合どうしのメタセシス反応(アルキンメタセシス) 112頁・定価1,575円

❸ グリーンケミストリー
―社会と化学の良い関係のために―

御園生 誠著　社会と化学／自然と人間社会／ライフサイクルアセスメントと化学リスク管理：グリーンケミストリーのツール／エネルギーと化学／材料資源と化学／環境と化学／他………168頁・定価1,785円

❹ レーザーと化学

中島信昭・八ッ橋知幸著　レーザーは化学の役に立っている／光化学の基礎(光と色／光は電磁波／エネルギー準位 他)／レーザー(レーザーとEinstein／光の吸収と増幅 他)／高強度レーザーの化学(レーザー強度の測定の実際／多光子吸収 他) 130頁・定価1,575円

●主な続刊テーマ●

電子移動
　……伊藤 攻著

有機機器分析
構造解析の達人を目指して…村田道雄著

電 池
　……金村聖志著

有機金属化合物
　……垣内史敏著

ナノ粒子
　……春田正毅著

全合成科学
　……佐々木 誠著

ケミカルバイオロジーの基礎
……上村大輔・袖岡幹子・闐闐孝介著

光と生物
　……佐々木政子著

電子スピン共鳴ESR
　……山内清語著

表面・界面
……岩澤康裕・福村裕史・唯 美津木著

プラズモンの化学
　……三澤弘明著

液晶・表示材料
　……竹添秀男著

金属錯体
　……石谷 治・今野英雄著

元素化学
　……山口茂弘著

層状化合物
……高木克彦・高木慎介・生田博志著

【各巻】B6判・並製・110～200頁

※続刊のテーマ、著者は変更される場合がございます。

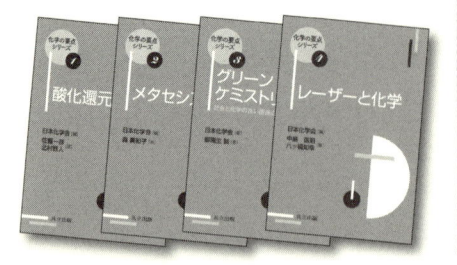

共立出版

(定価は税込価格です)
http://www.kyoritsu-pub.co.jp/